贝克通识文库

李雪涛　主编

气候政治

[德] 奥特马·埃登霍费尔

[德] 米歇尔·雅各布　　著

钟秀慧　译

北 京 出 版 集 团
北 京 出 版 社

著作权合同登记号：图字 01-2020-0920

KLIMAPOLITIK by Ottmar Edenhofer/Michael Jakob
© Verlag C.H.Beck oHG, München 2017

图书在版编目（CIP）数据

气候政治 /（德）奥特马·埃登霍费尔
（Ottmar Edenhofer），（德）米歇尔·雅各布
（Michael Jakob）著；钟秀慧译 . — 北京：北京出版
社，2024.7
ISBN 978-7-200-16117-5

Ⅰ. ①气… Ⅱ. ①奥… ②米… ③钟… Ⅲ. ①气候变
化—治理—国际合作—研究 Ⅳ. ① P467

中国版本图书馆 CIP 数据核字（2021）第 009212 号

总　策　划：高立志　王忠波　　选题策划：王忠波
责任编辑：白　云　　　　　　　责任营销：猫　娘
责任印制：陈冬梅　　　　　　　装帧设计：吉　辰

气候政治
QIHOU ZHENGZHI
［德］奥特马·埃登霍费尔　［德］米歇尔·雅各布　著
钟秀慧　译

出　　版　北京出版集团
　　　　　北 京 出 版 社
地　　址　北京北三环中路 6 号
邮　　编　100120
网　　址　www.bph.com.cn
总 发 行　北京伦洋图书出版有限公司
印　　刷　北京汇瑞嘉合文化发展有限公司
经　　销　新华书店
开　　本　880 毫米 ×1230 毫米　1/32
印　　张　4.875
字　　数　93 千字
版　　次　2024 年 7 月第 1 版
印　　次　2024 年 7 月第 1 次印刷
书　　号　ISBN 978-7-200-16117-5
定　　价　49.00 元

接续启蒙运动的知识传统

——"贝克通识文库"中文版序

一

我们今天与知识的关系，实际上深植于17—18世纪的启蒙时代。伊曼努尔·康德（Immanuel Kant，1724—1804）于1784年为普通读者写过一篇著名的文章《对这个问题的答复：什么是启蒙?》（*Beantwortung der Frage: Was ist Aufklärung?*），解释了他之所以赋予这个时代以"启蒙"（Aufklärung）的含义：启蒙运动就是人类走出他的未成年状态。不是因为缺乏智力，而是缺乏离开别人的引导去使用智力的决心和勇气！他借用了古典拉丁文学黄金时代的诗人贺拉斯（Horatius，前65—前8）的一句话：Sapere aude！呼吁人们要敢于去认识，要有勇气运用自己的智力。[1] 启蒙运动者相信由理性发展而来的知识可

---

[1] Cf. Immanuel Kant, *Beantwortung der Frage: Was ist Aufklärung?* In: *Berlinische Monatsschrift,* Bd. 4, 1784, Zwölftes Stück, S. 481–494. Hier S. 481. 中文译文另有：（1）"答复这个问题：'什么是启蒙运动?'"见康德著，何兆武译：《历史理性批判文集》，商务印书馆1990年版（2020年第11次印刷本，上面有2004年写的"再版译序"），第23—32页。（2）"回答这个问题：什么是启蒙?"见康德著，李秋零主编：《康德著作全集》（第8卷·1781年之后的论文），中国人民大学出版社2013年版，第39—46页。

以解决人类存在的基本问题，人类历史从此开启了在知识上的启蒙，并进入了现代的发展历程。

启蒙思想家们认为，从理性发展而来的科学和艺术的知识，可以改进人类的生活。文艺复兴以来的人文主义、新教改革、新的宇宙观以及科学的方法，也使得17世纪的思想家相信建立在理性基础之上的普遍原则，从而产生了包含自由与平等概念的世界观。以理性、推理和实验为主的方法不仅在科学和数学领域取得了令人瞩目的成就，也催生了在宇宙论、哲学和神学上运用各种逻辑归纳法和演绎法产生出的新理论。约翰·洛克（John Locke，1632—1704）奠定了现代科学认识论的基础，认为经验以及对经验的反省乃是知识进步的来源；伏尔泰（Voltaire，1694—1778）发展了自然神论，主张宗教宽容，提倡尊重人权；康德则在笛卡尔理性主义和培根的经验主义基础之上，将理性哲学区分为纯粹理性与实践理性。至18世纪后期，以德尼·狄德罗（Denis Diderot，1713—1784）、让-雅克·卢梭（Jean-Jacques Rousseau，1712—1778）等人为代表的百科全书派的哲学家，开始致力于编纂《百科全书》（*Encyclopédie*）——人类历史上第一部致力于科学、艺术的现代意义上的综合性百科全书，其条目并非只是"客观"地介绍各种知识，而是在介绍知识的同时，夹叙夹议，议论时政，这些特征正体现了启蒙时代的现代性思维。第一卷开始时有一幅人类知识领域的示意图，这也是第一次从现代科学意义上对所有人类知识进行分类。

实际上，今天的知识体系在很大程度上可以追溯到启蒙时代以实证的方式对以往理性知识的系统性整理，而其中最重要的突破包括：卡尔·冯·林奈（Carl von Linné, 1707—1778）的动植物分类及命名系统、安托万·洛朗·拉瓦锡（Antoine-Laurent Lavoisier, 1743—1794）的化学系统以及测量系统。[1]这些现代科学的分类方法、新发现以及度量方式对其他领域也产生了决定性的影响，并发展出一直延续到今天的各种现代方法，同时为后来的民主化和工业化打下了基础。启蒙运动在18世纪影响了哲学和社会生活的各个知识领域，在哲学、科学、政治、以现代印刷术为主的传媒、医学、伦理学、政治经济学、历史学等领域都有新的突破。如果我们看一下19世纪人类在各个方面的发展的话，知识分类、工业化、科技、医学等，也都与启蒙时代的知识建构相关。[2]

由于启蒙思想家们的理想是建立一个以理性为基础的社会，提出以政治自由对抗专制暴君，以信仰自由对抗宗教压迫，以天赋人权来反对君权神授，以法律面前人人平等来反对贵族的等级特权，因此他们采用各民族国家的口语而非书面的拉丁语进行沟通，形成了以现代欧洲语言为主的知识圈，并创

---

1 Daniel R. Headrick, *When Information Came of Age: Technologies of Knowledge in the Age of Reason and Revolution, 1700-1850.* Oxford University Press, 2000, p. 246.

2 Cf. Jürgen Osterhammel, *Die Verwandlung der Welt: Eine Geschichte des 19. Jahrhunderts.* München: Beck, 2009.

造了一个空前的多语欧洲印刷市场。[1]后来《百科全书》开始发行更便宜的版本，除了知识精英之外，普通人也能够获得。历史学家估计，在法国大革命前，就有两万多册《百科全书》在法国及欧洲其他地区流传，它们成为向大众群体进行启蒙及科学教育的媒介。[2]

从知识论上来讲，17世纪以来科学革命的结果使得新的知识体系逐渐取代了传统的亚里士多德的自然哲学以及克劳迪亚斯·盖仑（Claudius Galen，约129—200）的体液学说（Humorism），之前具有相当权威的炼金术和占星术自此失去了权威。到了18世纪，医学已经发展为相对独立的学科，并且逐渐脱离了与基督教的联系："在（当时的）三位外科医生中，就有两位是无神论者。"[3]在地图学方面，库克（James Cook，1728—1779）船长带领船员成为首批登陆澳大利亚东岸和夏威夷群岛的欧洲人，并绘制了有精确经纬度的地图，他以艾萨克·牛顿（Isaac Newton，1643—1727）的宇宙观改变了地理制图工艺及方法，使人们开始以科学而非神话来看待地理。这一时代除了用各式数学投影方法制作的精确地图外，制

---

1 Cf. Jonathan I. Israel, *Radical Enlightenment: Philosophy and the Making of Modernity 1650-1750.* Oxford University Press, 2001, p. 832.

2 Cf. Robert Darnton, *The Business of Enlightenment: A Publishing History of the Encyclopédie, 1775-1800.* Harvard University Press, 1979, p. 6.

3 Ole Peter Grell, Dr. Andrew Cunningham, *Medicine and Religion in Enlightenment Europe.* Ashgate Publishing, Ltd. , 2007, p. 111.

图学也被应用到了天文学方面。

正是借助于包括《百科全书》、公共图书馆、期刊等传播媒介，启蒙知识得到了迅速的传播，同时也塑造了现代学术的形态以及机构的建制。有意思的是，自启蒙时代出现的现代知识从开始阶段就是以多语的形态展现的：以法语为主，包括了荷兰语、英语、德语、意大利语等，它们共同构成了一个跨越国界的知识社群——文人共和国（Respublica Literaria）。

当代人对于知识的认识依然受启蒙运动的很大影响，例如多语种读者可以参与互动的维基百科（Wikipedia）就是从启蒙的理念而来："我们今天所知的《百科全书》受到18世纪欧洲启蒙运动的强烈影响。维基百科拥有这些根源，其中包括了解和记录世界所有领域的理性动力。"[1]

二

1582年耶稣会传教士利玛窦（Matteo Ricci，1552—1610）来华，标志着明末清初中国第一次规模性地译介西方信仰和科学知识的开始。利玛窦及其修会的其他传教士入华之际，正值欧洲文艺复兴如火如荼进行之时，尽管囿于当时天主教会的意

---

1 Cf. Phoebe Ayers, Charles Matthews, Ben Yates, *How Wikipedia Works: And How You Can Be a Part of It.* No Starch Press, 2008, p. 35.

识形态，但他们所处的时代与中世纪迥然不同。除了神学知识外，他们译介了天文历算、舆地、水利、火器等原理。利玛窦与徐光启（1562—1633）共同翻译的《几何原本》前六卷有关平面几何的内容，使用的底本是利玛窦在罗马的德国老师克劳（Christopher Klau/Clavius，1538—1612，由于他的德文名字Klau是钉子的意思，故利玛窦称他为"丁先生"）编纂的十五卷本。[1]克劳是活跃于16—17世纪的天主教耶稣会士，其在数学、天文学等领域建树非凡，并影响了包括伽利略、笛卡尔、莱布尼茨等科学家。曾经跟随伽利略学习过物理学的耶稣会士邓玉函 [Johann(es) Schreck/Terrenz or Terrentius，1576—1630] 在赴中国之前，与当时在欧洲停留的金尼阁（Nicolas Trigault，1577—1628）一道，"收集到不下七百五十七本有关神学的和科学技术的著作；罗马教皇自己也为今天在北京还很著名、当年是耶稣会士图书馆的'北堂'捐助了大部分的书籍"。[2]其后邓玉函在给伽利略的通信中还不断向其讨教精确计算日食和月食的方法，此外还与中国学者王徵（1571—1644）合作翻译《奇器图说》（1627），并且在医学方面也取得了相当大的成就。邓玉函曾提出过一项规模很大的有关数学、几何

---

1 *Euclides Elementorum Libri XV,* Rom 1574.

2 蔡特尔著，孙静远译：《邓玉函，一位德国科学家、传教士》，载《国际汉学》，2012年第1期，第38—87页，此处见第50页。

学、水力学、音乐、光学和天文学（1629）的技术翻译计划，[1]
由于他的早逝，这一宏大的计划没能得以实现。

在明末清初的一百四十年间，来华的天主教传教士有五百
人左右，他们当中有数学家、天文学家、地理学家、内外科医
生、音乐家、画家、钟表机械专家、珐琅专家、建筑专家。这
一时段由他们译成中文的书籍多达四百余种，涉及的学科有宗
教、哲学、心理学、论理学、政治、军事、法律、教育、历
史、地理、数学、天文学、测量学、力学、光学、生物学、医
学、药学、农学、工艺技术等。[2]这一阶段由耶稣会士主导的
有关信仰和科学知识的译介活动，主要涉及中世纪至文艺复兴
时期的知识，也包括文艺复兴以后重视经验科学的一些近代科
学和技术。

尽管耶稣会的传教士们在17—18世纪的时候已经向中国
的知识精英介绍了欧几里得几何学和牛顿物理学的一些基本知
识，但直到19世纪50—60年代，才在伦敦会传教士伟烈亚力
（Alexander Wylie，1815—1887）和中国数学家李善兰（1811—
1882）的共同努力下补译完成了《几何原本》的后九卷；同样
是李善兰、傅兰雅（John Fryer，1839—1928）和伟烈亚力将牛

1　蔡特尔著，孙静远译：《邓玉函，一位德国科学家、传教士》，载《国际汉学》，
2012年第1期，第58页。

2　张晓编著：《近代汉译西学书目提要：明末至1919》，北京大学出版社2012年版，
"导论"第6、7页。

顿的《自然哲学的数学原理》(*Philosophiae Naturalis Principia Mathematica*，1687) 第一编共十四章译成了汉语——《奈端数理》(1858—1860)。[1]正是在这一时期，新教传教士与中国学者密切合作开展了大规模的翻译项目，将西方大量的教科书——启蒙运动以后重新系统化、通俗化的知识——翻译成了中文。

1862年清政府采纳了时任总理衙门首席大臣奕䜣 (1833—1898) 的建议，创办了京师同文馆，这是中国近代第一所外语学校。开馆时只有英文馆，后增设了法文、俄文、德文、东文诸馆，其他课程还包括化学、物理、万国公法、医学生理等。1866年，又增设了天文、算学课程。后来清政府又仿照同文馆之例，在与外国人交往较多的上海设立上海广方言馆，广州设立广州同文馆。曾大力倡导"中学为体，西学为用"的洋务派主要代表人物张之洞 (1837—1909) 认为，作为"用"的西学有西政、西艺和西史三个方面，其中西艺包括算、绘、矿、医、声、光、化、电等自然科学技术。

根据《近代汉译西学书目提要：明末至1919》的统计，从明末到1919年的总书目为五千一百七十九种，如果将四百余种明末到清初的译书排除，那么晚清至1919年之前就有四千七百多种汉译西学著作出版。梁启超 (1873—1929) 在

---

[1] 1882年，李善兰将译稿交由华蘅芳校订至1897年，译稿后遗失。万兆元、何琼辉：《牛顿〈原理〉在中国的译介与传播》，载《中国科技史杂志》第40卷，2019年第1期，第51—65页，此处见第54页。

1896年刊印的三卷本《西学书目表》中指出："国家欲自强，以多译西书为本；学者欲自立，以多读西书为功。"[1]书中收录鸦片战争后至1896年间的译著三百四十一种，梁启超希望通过《读西学书法》向读者展示西方近代以来的知识体系。

　　不论是在精神上，还是在知识上，中国近代都没有继承好启蒙时代的遗产。启蒙运动提出要高举理性的旗帜，认为世间的一切都必须在理性法庭面前接受审判，不仅倡导个人要独立思考，也主张社会应当以理性作为判断是非的标准。它涉及宗教信仰、自然科学理论、社会制度、国家体制、道德体系、文化思想、文学艺术作品理论与思想倾向等。从知识论上来讲，从1860年至1919年五四运动爆发，受西方启蒙的各种自然科学知识被系统地介绍到了中国。大致说来，这些是14—18世纪科学革命和启蒙运动时期的社会科学和自然科学的知识。在社会科学方面包括了政治学、语言学、经济学、心理学、社会学、人类学等学科，而在自然科学方面则包含了物理学、化学、地质学、天文学、生物学、医学、遗传学、生态学等学科。按照胡适（1891—1962）的观点，新文化运动和五四运动应当分别来看待：前者重点在白话文、文学革命、西化与反传统，是一场类似文艺复兴的思想与文化的革命，而后者主要是

1　梁启超：《西学书目表·序例》，收入《饮冰室合集》，中华书局1989年版，第123页。

一场政治革命。根据王锦民的观点,"新文化运动很有文艺复兴那种热情的、进步的色彩;而接下来的启蒙思想的冷静、理性和批判精神,新文化运动中也有,但是发育得不充分,且几乎被前者遮蔽了"。[1]五四运动以来,中国接受了尼采等人的学说。"在某种意义上说,近代欧洲启蒙运动的思想成果,理性、自由、平等、人权、民主和法制,正是后来的'新'思潮力图摧毁的对象"。[2]近代以来,中华民族的确常常遭遇生死存亡的危局,启蒙自然会受到充满革命热情的救亡的排挤,而需要以冷静的理性态度来对待的普遍知识,以及个人的独立人格和自由不再有人予以关注。因此,近代以来我们并没有接受一个正常的、完整的启蒙思想,我们一直以来所拥有的仅仅是一个"半启蒙状态"。今天我们重又生活在一个思想转型和社会巨变的历史时期,迫切需要全面地引进和接受一百多年来的现代知识,并在思想观念上予以重新认识。

1919年新文化运动的时候,我们还区分不了文艺复兴和启蒙时代的思想,但日本的情况则完全不同。日本近代以来对"南蛮文化"的摄取,基本上是欧洲中世纪至文艺复兴时期的"西学",而从明治维新以来对欧美文化的摄取,则是启蒙

---

1 王锦民:《新文化运动百年随想录》,见李雪涛等编《合璧西中——庆祝顾彬教授七十寿辰文集》,外语教学与研究出版社2016年版,第282—295页,此处见第291页。

2 同上。

时代以来的西方思想。特别是在第二个阶段，他们做得非常彻底。[1]

三

　　罗素在《西方哲学史》的"绪论"中写道："一切确切的知识——我是这样主张的——都属于科学，一切涉及超乎确切知识之外的教条都属于神学。但是介乎神学与科学之间还有一片受到双方攻击的无人之域；这片无人之域就是哲学。"[2]康德认为，"只有那些其确定性是无可置疑的科学才能成为本真意义上的科学；那些包含经验确定性的认识（Erkenntnis），只是非本真意义上所谓的知识（Wissen），因此，系统化的知识作为一个整体可以称为科学（Wissenschaft），如果这个系统中的知识存在因果关系，甚至可以称之为理性科学（Rationale Wissenschaft）"。[3]在德文中，科学是一种系统性的知识体系，是对严格的确定性知识的追求，是通过批判、质疑乃至论证而对知识的内在固有理路即理性世界的探索过程。科学方法有别

1　家永三郎著，靳丛林等译：《外来文化摄取史论》，大象出版社2017年版。

2　罗素著，何兆武、李约瑟译：《西方哲学史》（上卷），商务印书馆1963年版，第11页。

3　Immanuel Kant, *Metaphysische Anfangsgründe der Naturwissenschaft.* Riga: bey Johann Friedrich Hartknoch, 1786. S. V-VI.

于较为空泛的哲学，它既要有客观性，也要有完整的资料文件以供佐证，同时还要由第三者小心检视，并且确认该方法能重制。因此，按照罗素的说法，人类知识的整体应当包括科学、神学和哲学。

在欧洲，"现代知识社会"（Moderne Wissensgesellschaft）的形成大概从近代早期一直持续到了1820年。[1]之后便是知识的传播、制度化以及普及的过程。与此同时，学习和传播知识的现代制度也建立起来了，主要包括研究型大学、实验室和人文学科的研讨班（Seminar）。新的学科名称如生物学（Biologie）、物理学（Physik）也是在1800年才开始使用；1834年创造的词汇"科学家"（Scientist）使之成为一个自主的类型，而"学者"（Gelehrte）和"知识分子"（Intellekturlle）也是19世纪新创的词汇。[2]现代知识以及自然科学与技术在形成的过程中，不断通过译介的方式流向欧洲以外的世界，在诸多非欧洲的区域为知识精英所认可、接受。今天，历史学家希望运用全球史的方法，祛除欧洲中心主义的知识史，从而建立全球知识史。

本学期我跟我的博士生们一起阅读费尔南·布罗代尔

1 Cf. Richard van Dülmen, Sina Rauschenbach (Hg.), *Macht des Wissens: Die Entstehung der Modernen Wissensgesellschaft.* Köln: Böhlau Verlag, 2004.

2 Cf. Jürgen Osterhammel, *Die Verwandlung der Welt: Eine Geschichte des 19. Jahrhunderts.* München: Beck, 2009. S. 1106.

(Fernand Braudel, 1902—1985) 的《地中海与菲利普二世时代的地中海世界》(*La Méditerranée et le Monde méditerranéen à l'époque de Philippe II*, 1949) 一书。[1]在"边界：更大范围的地中海"一章中，布罗代尔并不认同一般地理学家以油橄榄树和棕榈树作为地中海的边界的看法，他指出地中海的历史就像是一个磁场，吸引着南部的北非撒哈拉沙漠、北部的欧洲以及西部的大西洋。在布罗代尔看来，距离不再是一种障碍，边界也成为相互连接的媒介。[2]

发源于欧洲文艺复兴时代末期，并一直持续到18世纪末的科学革命，直接促成了启蒙运动的出现，影响了欧洲乃至全世界。但科学革命通过学科分类也影响了人们对世界的整体认识，人类知识原本是一个复杂系统。按照法国哲学家埃德加·莫兰（Edgar Morin, 1921— ）的看法，我们的知识是分离的、被肢解的、箱格化的，而全球纪元要求我们把任何事情都定位于全球的背景和复杂性之中。莫兰引用布莱兹·帕斯卡（Blaise Pascal, 1623—1662）的观点："任何事物都既是结果又是原因，既受到作用又施加作用，既是通过中介而存在又是直接存在的。所有事物，包括相距最遥远的和最不相同的事物，都被一种自然的和难以觉察的联系维系着。我认为不认识

---

1 布罗代尔著，唐家龙、曾培耿、吴模信等译：《地中海与菲利普二世时代的地中海世界》(全二卷)，商务印书馆2013年版。

2 同上书，第245—342页。

整体就不可能认识部分，同样地，不特别地认识各个部分也不可能认识整体。"[1] 莫兰认为，一种恰切的认识应当重视复杂性（complexus）——意味着交织在一起的东西；复杂的统一体如同人类和社会都是多维度的，因此人类同时是生物的、心理的、社会的、感情的、理性的；社会包含着历史的、经济的、社会的、宗教的等方面。他举例说明，经济学领域是在数学上最先进的社会科学，但从社会和人类的角度来说它有时是最落后的科学，因为它抽去了与经济活动密不可分的社会、历史、政治、心理、生态的条件。[2]

四

贝克出版社（C. H. Beck Verlag）至今依然是一家家族产业。1763年9月9日卡尔·戈特洛布·贝克（Carl Gottlob Beck，1733—1802）在距离慕尼黑100多公里的讷德林根（Nördlingen）创立了一家出版社，并以他儿子卡尔·海因里希·贝克（Carl Heinrich Beck，1767—1834）的名字来命名。在启蒙运动的影响下，戈特洛布出版了讷德林根的第一份报纸与关于医学和自然史、经济学和教育学以及宗教教育

---

1 转引自莫兰著，陈一壮译：《复杂性理论与教育问题》，北京大学出版社2004年版，第26页。

2 同上书，第30页。

的文献汇编。在第三代家族成员奥斯卡·贝克（Oscar Beck，1850—1924）的带领下，出版社于1889年迁往慕尼黑施瓦宾（München-Schwabing），成功地实现了扩张，其总部至今仍设在那里。在19世纪，贝克出版社出版了大量的神学文献，但后来逐渐将自己的出版范围限定在古典学研究、文学、历史和法律等学术领域。此外，出版社一直有一个文学计划。在第一次世界大战期间的1917年，贝克出版社独具慧眼地出版了瓦尔特·弗莱克斯（Walter Flex，1887—1917）的小说《两个世界之间的漫游者》(*Der Wanderer zwischen beiden Welten*)，这是魏玛共和国时期的一本畅销书，总印数达一百万册之多，也是20世纪最畅销的德语作品之一。[1]目前出版社依然由贝克家族的第六代和第七代成员掌管。2013年，贝克出版社庆祝了其

---

1 第二次世界大战后，德国汉学家福兰阁（Otto Franke，1863—1946）出版《两个世界的回忆——个人生命的旁白》(*Erinnerungen aus zwei Welten: Randglossen zur eigenen Lebensgeschichte.* Berlin: De Gruyter, 1954.)。作者在1945年的前言中解释了他所认为的"两个世界"有三层含义：第一，作为空间上的西方和东方的世界；第二，作为时间上的19世纪末和20世纪初的德意志工业化和世界政策的开端，与20世纪的世界；第三，作为精神上的福兰阁在外交实践活动和学术生涯的世界。这本书的书名显然受到《两个世界之间的漫游者》的启发。弗莱克斯的这部书是献给1915年阵亡的好友恩斯特·沃切（Ernst Wurche）的：他是"我们德意志战争志愿军和前线军官的理想，也是同样接近两个世界：大地和天空、生命和死亡的新人和人类向导"。(Wolfgang von Einsiedel, Gert Woerner, *Kindlers Literatur Lexikon,* Band 7, Kindler Verlag, München 1972.) 见福兰阁的回忆录中文译本，福兰阁著，欧阳甦译：《两个世界的回忆——个人生命的旁白》，社会科学文献出版社2014年版。

成立二百五十周年。

　　1995年开始，出版社开始策划出版"贝克通识文库"（C.H.Beck Wissen），这是"贝克丛书系列"（Beck'schen Reihe）中的一个子系列，旨在为人文和自然科学最重要领域提供可靠的知识和信息。由于每一本书的篇幅不大——大部分都在一百二十页左右，内容上要做到言简意赅，这对作者提出了更高的要求。"贝克通识文库"的作者大都是其所在领域的专家，而又是真正能做到"深入浅出"的学者。"贝克通识文库"的主题包括传记、历史、文学与语言、医学与心理学、音乐、自然与技术、哲学、宗教与艺术。到目前为止，"贝克通识文库"已经出版了五百多种书籍，总发行量超过了五百万册。其中有些书已经是第8版或第9版了。新版本大都经过了重新修订或扩充。这些百余页的小册子，成为大学，乃至中学重要的参考书。由于这套丛书的编纂开始于20世纪90年代中叶，因此更符合我们现今的时代。跟其他具有一两百年历史的"文库"相比，"贝克通识文库"从整体知识史研究范式到各学科，都经历了巨大变化。我们首次引进的三十多种图书，以科普、科学史、文化史、学术史为主。以往文库中专注于历史人物的政治史、军事史研究，已不多见。取而代之的是各种普通的知识，即便是精英，也用新史料更多地探讨了这些"巨人"与时代的关系，并将之放到了新的脉络中来理解。

　　我想大多数曾留学德国的中国人，都曾购买过罗沃尔特出版社出版的"传记丛书"（Rowohlts Monographien），以及"贝克通识文库"系列的丛书。去年年初我搬办公室的时候，还整理出十几本这一系列的丛书，上面还留有我当年做过的笔记。

五

　　作为启蒙时代思想的代表之作，《百科全书》编纂者最初的计划是翻译1728年英国出版商钱伯斯出版的《百科全书》（*Cyclopaedia: or, An Universal Dictionary of Arts and Sciences*），但以狄德罗为主编的启蒙思想家们以"改变人们思维方式"为目标，[1]更多地强调理性在人类知识方面的重要性，因此更多地主张由百科全书派的思想家自己来撰写条目。

　　今天我们可以通过"绘制"（mapping）的方式，考察自19世纪60年代以来学科知识从欧洲被移接到中国的记录和流传的方法，包括学科史、印刷史、技术史、知识的循环与传播、迁移的模式与转向。[2]

　　徐光启在1631年上呈的《历书总目表》中提出："欲求超

1　Lynn Hunt, Christopher R. Martin, Barbara H. Rosenwein, R. Po-chia Hsia, Bonnie G. Smith, *The Making of the West: Peoples and Cultures, A Concise History,* Volume II: Since 1340. Bedford/St. Martin's, 2006, p. 611.

2　Cf. Lieven D'hulst, Yves Gambier (eds.), *A History of Modern Translation Knowledge: Source, Concepts, Effects.* Amsterdam: John Benjamins, 2018.

胜，必须会通，会通之前，先须翻译。"[1]翻译是基础，是与其他民族交流的重要工具。"会通"的目的，就是让中西学术成果之间相互交流，融合与并蓄，共同融汇成一种人类知识。也正是在这个意义上，才能提到"超胜"：超越中西方的前人和学说。徐光启认为，要继承传统，又要"不安旧学"；翻译西法，但又"志求改正"。[2]

　　近代以来中国对西方知识的译介，实际上是在西方近代学科分类之上，依照一个复杂的逻辑系统对这些知识的重新界定和组合。在过去的百余年中，席卷全球的科学技术革命无疑让我们对于现代知识在社会、政治以及文化上的作用产生了认知上的转变。但启蒙运动以后从西方发展出来的现代性的观念，也导致欧洲以外的知识史建立在了现代与传统、外来与本土知识的对立之上。与其投入大量的热情和精力去研究这些"二元对立"的问题，我以为更迫切的是研究者要超越对于知识本身的研究，去甄别不同的政治、社会以及文化要素究竟是如何参与知识的产生以及传播的。

　　此外，我们要抛弃以往西方知识对非西方的静态、单一方向的影响研究。其实无论是东西方国家之间，抑或是东亚国家之间，知识的迁移都不是某一个国家施加影响而另一个国家则完全

1　见徐光启、李天经等撰，李亮校注：《治历缘起》（下），湖南科学技术出版社
　　2017年版，第845页。

2　同上。

被动接受的过程。第二次世界大战以后对于殖民地及帝国环境下的历史研究认为，知识会不断被调和，在社会层面上被重新定义、接受，有的时候甚至会遭到排斥。由于对知识的接受和排斥深深根植于接收者的社会和文化背景之中，因此我们今天需要采取更好的方式去重新理解和建构知识形成的模式，也就是将研究重点从作为对象的知识本身转到知识传播者身上。近代以来，传教士、外交官、留学生、科学家等都曾为知识的转变和迁移做出过贡献。无论是某一国内还是国家间，无论是纯粹的个人，还是由一些参与者、机构和知识源构成的网络，知识迁移必然要借助于由传播者所形成的媒介来展开。通过这套新时代的"贝克通识文库"，我希望我们能够超越单纯地去定义什么是知识，而去尝试更好地理解知识的动态形成模式以及知识的传播方式。同时，我们也希望能为一个去欧洲中心主义的知识史做出贡献。对于今天的我们来讲，更应当从中西古今的思想观念互动的角度来重新审视一百多年来我们所引进的西方知识。

　　知识唯有进入教育体系之中才能持续发挥作用。尽管早在1602年利玛窦的《坤舆万国全图》就已经由太仆寺少卿李之藻（1565—1630）绘制完成，但在利玛窦世界地图刊印三百多年后的1886年，尚有中国知识分子问及"亚细亚""欧罗巴"二名，谁始译之。[1]而梁启超1890年到北京参加会考，回粤途经

1　洪业：《考利玛窦的世界地图》，载《洪业论学集》，中华书局1981年版，第
　　150—192页，此处见第191页。

上海，买到徐继畬（1795—1873）的《瀛环志略》(1848) 方知世界有五大洲！

近代以来的西方知识通过译介对中国产生了巨大的影响，中国因此发生了翻天覆地的变化。一百多年后的今天，我们组织引进、翻译这套"贝克通识文库"，是在"病灶心态""救亡心态"之后，做出的理性选择，中华民族蕴含生生不息的活力，其原因就在于不断从世界文明中汲取养分。尽管这套丛书的内容对于中国读者来讲并不一定是新的知识，但每一位作者对待知识、科学的态度，依然值得我们认真对待。早在一百年前，梁启超就曾指出："……相对地尊重科学的人，还是十个有九个不了解科学的性质。他们只知道科学研究所产生的结果的价值，而不知道科学本身的价值，他们只有数学、几何学、物理学、化学等概念，而没有科学的概念。"[1]这套读物的定位是具有中等文化程度及以上的读者，我们认为只有启蒙以来的知识，才能真正使大众的思想从一种蒙昧、狂热以及其他荒谬的精神枷锁之中解放出来。因为我们相信，通过阅读而获得独立思考的能力，正是启蒙思想家们所要求的，也是我们这个时代必不可少的。

李雪涛

2022年4月于北京外国语大学历史学院

---

[1] 梁启超：《科学精神与东西文化》(8月20日在南通为科学社年会讲演)，载《科学》第7卷，1922年第9期，第859—870页，此处见第861页。

目　录

前　言

　　这本书是关于气候政治的概述。它将为读者呈现正在形成中的冲突及解决这些冲突的办法。我们的目标是，用通俗易懂的语言描述现有的研究状况，但不会简化那些复杂的、能够引起对于避免气候变化的关联的重视，从而产生错误的安全感。墨卡托全球公共资源和气候变化研究所（MCC）以及波茨坦气候影响研究所（PIK）的同事们通过他们的研究和众多富有成效的讨论使我们对于气候政治的问题有了更好的理解。和全球的研究员们，尤其是联合国政府间气候变化专门委员会（IPCC）的专家们共事，强化了我们的论据，并让我们突破了自身专业的局限。本书如有错误，都由我们承担。那些在今天就已承受气候变化影响、遭遇不良政府和猖獗的腐败问题的人，激励着我们写出这本书。

　　在这本书的创作过程中，许多同事在内容和文体方面给了我们建议。在此要感谢安妮特·埃登霍费尔、雅各布·埃登霍费尔、克里斯蒂安·弗拉克斯兰、萨宾娜·傅斯、利昂·赫斯、布里吉特·科诺普夫、尼古拉斯·科赫、乌尔丽克·科尔内克、法比安·罗尔、扬·明克斯、米歇尔·帕勒以及里克·施魏策尔。谢谢苏珊娜·施顿德纳尔细致的校阅和凯·施罗德为本书绘制的表格。

本书的结构

巴基斯坦的炎热致死、俄罗斯的洪水肆虐、加利福尼亚的严重干旱、冰川融化、庄稼受损以及气候史上最暖和的年份之一——2015年莱茵高地区产出的世纪陈酒：这些都是现今气候变化的第一批征兆。尽管这些事件中没有一个能明确地归因于全球气候变化，但全球平均温度的提高使得发生这些事件的可能性增大了许多。全球变暖在很大程度上是煤、石油、天然气的燃烧导致的。因此，气候政治的目标非常明确：必须限制使用化石能源载体，以减缓气候变化的影响。联合国政府间气候变化专门委员会（IPCC）在一个三十年的预案中指出：截至目前，由于固体能源载体的燃烧、其他温室气体的排放以及森林的砍伐，全球气温增加了约0.8摄氏度。为此，人类必须说明，他们能够且计划在多大程度上对将来的气候变化进行遏制。

这就是本书将探讨的内容。书中包括关于气候政治目标的概述、对于冲突线的科学分析以及对于解决方案的讨论。与自然科学中对气候变化问题的描述不同，本书将展示人类要遵循什么标准做决定、推行多少大气保护措施、使用哪些技术以及施行哪些政策。也就是说，本书不仅将摆事实，还将同时讨论其意义。

第一章阐述了为何需要实行雄心勃勃的气候政治以及如何能够将其落实。什么叫危险性气候变化？我们应该怎样防止其发生？在气候政治里，相对于避免废气排放的风险，更要考虑到危险性气候变化的风险。气候政治的提案表明，气候政治是一种风险管理。而正是出于这个原因，人类要推行雄心勃勃的气候政治。

第二章是对气候政治的批评性总结分析。笔者对比了气候政治的现状和在巴黎商定的气候政治目标，由此得出了未来的行动需求。为了从没有气候保护措施的情况转变为采取气候保护措施以期预防危险性气候变化，需要彻底更新能源系统和土地利用变更。

要做到这一点，就必须要更新经济和社会的基础要素。这就是第三章要阐述的内容。其中首要的就是避免废气排放的技术、风险和成本问题。此章将表明，要拯救地球，并不需要耗费整个世界；由此进一步证明雄心勃勃的气候政治的重要性。即便人类可以承担大气保护的成本，政治上依然面临严峻的挑战。

第四章将描述如何组织国际和各国国内的气候政治。为什么缔结一个国际公约这么艰难？世界各国在气候政治上有哪些行动空间？本章将指出欧洲和德国气候政治钻入的死胡同里有什么出路。

联合国政府间气候变化专门委员会下设了一个国际气候政治专门小组，这个小组对其议程起着关键性作用。这一点足以构成理由，在本书最后一章介绍这个组织及其在政策咨询领域发挥的科学作用。

第一章 —————— 气候问题与气候政治

气候变化会带来哪些风险？

　　海洋、大气、陆地和森林是被称作"全球沉降"的温室气体的储存仓库。在大气中堆积的温室气体会滞留几千年。由于温室气体的成分不断增加，这些仓库也逐年被充实。仓库越充实，大气中温室气体的浓度也越高。工业革命前的温室气体浓度还只有大约280ppm。ppm是"parts per million"（百万分比，相当于10^{-6}）的缩写，也就是大气中每一百万分子中的温室气体分子数量。由于化石燃料的燃烧、砍伐森林、土地使用和工业化进程，温室气体浓度不断增加，如今已经达到了约400ppm。

　　温室气体浓度的增加改变了地球的能量收支。地表反射的太阳辐射转变为热气积留在大气中，使得地球的平均温度升高。气温升高对各地的气候条件、空气和水循环热传输都会造成影响。

　　全球平均温度的升高给地球上的生存条件带来了巨大的风险。由于还不能准确预估气候变化对未来的影响，联合国政府间气候变化专门委员会把气候变化的影响划分为几个风险等级，称为"关切之原因"。

　　如果人类不能实行全球统一的气候政治，那么到2100年全球平均气温很可能将上升3.7摄氏度，从而达到4.8摄氏度。

这是联合国政府间气候变化专门委员会成立的国际研究小组根据300个电脑辅助的情境做出的预估。这些情境的出发点是，并没有足够雄心勃勃的气候政治。同时还涉及了未来没有气候政治情况下关于人口、经济和科技发展的各种设想。

如果全球平均气温比工业化时期以前上升4摄氏度甚至更高，地球将会面临什么样的风险？由于热带地区的气温升高和空气湿度增加，生态系统遭到破坏、物种灭绝、全球粮食生产遭创、劳动生产率下降的可能性变大。气候变化还将间接对人类造成影响。一项最新调查显示，部分医学科技的发展将由于气候变化失效。它不仅导致诸如心肌梗死之类的心血管疾病增多，还会造成用水困难、粮食短缺，病菌传播加速，尤其是在贫困国家。因此，遏制气候变化被许多专家视为21世纪健康政策的最大挑战。

什么叫避免危险的气候变化？

人类可以经受什么程度的气温上升，仅凭自然科学对于气候变化影响的研究是无法确定的，因为人类和社会能够适应一定峰值内的气候变化。这种气候适应策略短期和中期内是有效的：灌溉系统、高一点的堤防、海岸线保护、更具有防御功能的基础设施建设等就是其中的例子。这些措施的效用很难预估，而气候变化可能会使这些适应措施功亏一篑。因此，可以想象的是，全球许多地区都将出现由于没有遏制气候变化而导致适应这些变化的成本不断增加直至达到极限的情况。

　　对于面积小的岛国或者北极地区的居民来说，这个活动界线很快就能达到。在热带地区，当工地或者农业劳动变得无法忍受时，人们就会尝试着迁居到环境更优越的区域去谋生。虽然大家一再说，通过采取针对粮食歉收和使用有抵抗力的种子等措施，农民不需要政府的干预也可以适应气候变化。再者，将海平面上升额度控制在20厘米或者30厘米，相对来说更容易做到。如果海平面再上升几米，那么再多堤坝也没有用了——整个城市都得搬走。而对于那些位于海边的大都市而言，这样的选择可能性恰恰是不存在的。此外，如果全球气温升高超过4摄氏度，水稻、玉米或麦子等全球重要的粮食作物的产量也很可能不充足。上述这些事例表明，哪怕是对于那些高效的政府部门、机智的农民或聪明的保险公司，也很快就会达到这个适应度的上限。所以，如果国际社会放弃推行雄心勃勃的气候政治，只因认为适应气候变化要比遏制它更容易实现且花费更少，则为一大失职。适应性措施可起辅助作用，但不能够完全替代。

　　适应气候变化常规性措施的上限是什么，对此还没有统一的结论，因此可以有许多选择方案。加大科技投入力度、屏蔽摄入地球的光线从而直接控制地球的能量收支并由此遏制全球变暖的趋势，就是可行的方案。例如，往大气层的最高层加入炭黑颗粒。但是，目前这样的科技还没有大范围应用，并且具有很大的风险，这些我们将在后续章节具体讨论。因此，完全依靠地理工程学而放弃通过减排来缓解全球变暖，是不明智的。

即便是大规模地减少温室气体排放也不能消除危险性气候变化带来的风险——但是可以决定性地降低这些风险。因此，《联合国气候变化框架公约》（UNFCCC）决定，将全球气温对比工业化时期之前的升高幅度控制在2摄氏度的范围之内。2015年12月在巴黎签订的气候协定甚至还确定了更高的目标，即力求将升高幅度控制在1.5摄氏度。

不过，要想推行减少温室气体排放的政策，成本很高。因为低排放的能源往往要比传统的化石能源更贵。正因如此，人类是否而又如何能够做到节能减排，是一个值得思考的问题。

国际气候政治作为一种赌注

前一节提到，人类还不能准确预估气候变化的长期影响，更多时候提到的是可能带来的损失和产生损失的可能性。因此，一个理性的气候政治必须要对危险的气候变化可能带来的影响与减少温室气体排放的成本进行衡量。人们应该如何合理地做这个决定呢？一旦政治决策者们选择实行雄心勃勃的气候政治，就意味着开始了一场赌局。这场赌局的外在表现展示出，气候政治的支持者和反对者分别要满足什么前提，才能使他们的政策合理。现今对于气候变化的讨论（尤其是一些科学事实）由此得以更好地预估和评价。

我们的出发点是，人类有两种选择：要么是推行雄心勃勃的气候政治，要么是完全不推行气候政治。人类也将面临两种气候系统状况——未被遏制的气候变化将带来危险，或者不会带来危险。我们将这两种状况归纳为概率p和1-p。

第一种情况，如果不推行气候政治，即便有最完善的适应性措施，还是会产生长期且不可逆转的损失（V）。相反地，雄心勃勃的气候政治能够将气候变化带来的损失控制在E等级之内。第二种情况，尽管没有推行气候政治也只会出现一些无害的气候变化，但不会带来大的损失。在这两种情况中气候政治都会产生短期成本（C）。如果我们将减排导致的成本用正号表示，那么负号则意味着减排产生了效用（即负成本）。最后还有一种情况，通过减少地方上的空气污染抵销重建能源系统的成本。在这种情况下，气候问题相对来说容易解决。可惜这个愿望至今还没有实现，因此我们必须考虑到重建能源系统产生的成本。

决策者们都会明智地选择那些预期成本最低的选项。发生危险性气候变化的概率首先交由决策者们预估。什么措施也不做，产生的预期损失是$p \cdot V$；采取气候保护措施，产生的预期成本为$C + p \cdot E$。只有当$p > C/(V-E)^1$的时候，那些风险中立型的决策者才会选择推行雄心勃勃的气候政治。这个公式表明，危险性气候变化的概率越大、气候变化带来的损失越大、通过减排可以避免产生的损失越多、气候保护的成本越低，推行强有力的气候保护政治的倾向性就越大。只有当成本低或者通过雄心勃勃的气候政治能够明确地减少气候变化的损失时，推行这个雄心勃勃的气候政治才是明智的，即便出现危险性气候变化的概率很低。

这个简单的计算公式实际操作起来显然要复杂得多。有人说，潜在的灾难性损失更应该被重视，尽管它出现的概率很低。对未来的衡量还是一个伦理问题，因为人们必须弄清楚，是否人类世代都应平等对待。如果由于下一代比现在富裕，能更轻松地应对气候危害，或许就意味着，当今这代人不需要承担保护气候的所有重担。这一事实也能在上面的计算公式里看出，即相比短期损失而言，长期损失更不被重视。换句话说，

---

1 如果无任何环保措施时，损失V出现的概率是p，那么预期的损失为$p \cdot V$。采取措施必定会产生的成本用C表示，最低损失为E，概率为p，由此得出的预期总成本为$C + p \cdot E$。所以，只有在预期成本$C + p \cdot E$小于无任何环保措施时气候变化产生的预期损失$p \cdot V$的情况下，风险中立型决策者才会赞成气候政治。

损失被打了折扣。这个折扣打得越厉害，对下一代可能造成的损失预估就越低。强有力的减排政策可能会带来的风险也应被纳入考量，这点我们将在后续章节讨论。这样一来，这个计算公式会变得更复杂，不过其基本结构不会有大变化。

那些不支持推行雄心勃勃的气候政治的人，必须做出这样的说明：提供事实依据，证明改建的成本的风险过高且气候危害小到可以忽略；或者提供规范的论证，为什么后代不会承受这么重的负担。而支持推行雄心勃勃的气候政治的人，也必须说明，气候保护的成本和风险要低于未遏制的气候变化产生的损失。只要道德上完全合理，又能够明显降低灾害风险，即使贴现率很高，推行雄心勃勃的气候政治的决定也是毋庸置疑的。

第二章 ———— 气候政治的批评性
总结分析

　　为了更好地了解控制温室气体排放的气候政策面临的挑战，本章做了一个批评性总结分析。按照国家、经济部门和温室气体类别进行分类的排放源、废气排放量上升的原因，都将予以描述。本章还将说明，为何增强能效和加大可再生能源投入力度至今还不足以遏制废气排放量的上升或者转变其上升的趋势。

　　测定全球的温室气体排放值并非一件易事。必须综合众多统计机构，如国际能源署（IEA）和联合国粮食及农业组织（FAO）等的数据，并且连续地处理分析，比如不同化石能源的排放系数、森林和土壤的二氧化碳含量等。由于可用性和现实性等原因，本书的数据主要依赖气候分析指标工具（CAIT）。这些数据在联合国政府间气候变化专门委员会估计的不稳定范围内，但是处在这个范围的底部边缘。最大的差别在于土地利用变更和砍伐树林造成的排放值，它们具有最大的不稳定性。

　　我们使用二氧化碳当量作为排放值的测量单位，以便将所有的温室气体（包括沼气和一氧化二氮等）都算入其中。但是，我们不能简单地将温室气体相加，因为每一种气体对于提高全球平均气温的影响程度都是不同的。科学界提出了一个指数，即所谓的全球变暖潜能值，用以比较各种温室气体的作用。全球变暖潜能值将每一种温室气体在一定时期内（大多为100年）对气候的影响与二氧化碳进行比较。如此一来，所有的温室气体都可以用二氧化碳当量表达，由此计算出它们对于提高全球平均气温的作用。以沼气为例，它比二氧化碳的作用大28倍，保留在大气的时间却更短。虽然二氧化碳的变暖潜能值更低，但在大气中保留的时间却非常长。

温室气体排放的发展过程

1990年至2014年间，温室气体的排放量逐年上升——只在经济大萧条时期有过短暂停顿——二氧化碳当量从34亿吨增至49亿吨。上升比例约为44%。2000年以来，排放量上升的速度甚至更快：1990年至2000年间年均增长率还只有0.8%，2000年至2014年间已上升至2.3%。排放量上升的首要原因是发展中国家与门槛国家经济的快速增长，人口增长的影响相对来说变小了；电力部门用煤量的增加，也加速了这几十年来的温室气体排放量的上升。

其中，2013年温室气体排放量的上升幅度明显减小，2014年后保持稳定状态（前提是目前参照的数据后期不需要修正）。

这个回落的原因很可能要归结于中国实行大气污染控制措施之后减少了用煤。这些措施是否能对全球的温室气体排放造成持续性的影响，还不得而知。因为印度、土耳其和许多非洲国家本国急剧增长的能源需求很大程度上还在依赖化石能源。火力发电厂的持续建造又将导致排放量上升。当然，即便这个趋势放缓，危险性的气候变化也将无法避免，这点我们将在后续章节详述。

燃烧化石能源和工业程序产生的二氧化碳排放量，构成了温室气体总量及排放量上升的主体。2014年，温室气体总量中超过70%为二氧化碳，共计35亿吨，都是这个原因产生的。储存在森林和土壤中以及由于土地利用变更释放的二氧化碳也占很大比重，为总量的5%。沼气（CH_4）等在畜牧业使用过程中产生的气体和石油、天然气在使用过程中产生的气体，占据温室气体排放总量的15%。主要在肥料使用过程中释放的一氧化二氮（N_2O）约有7%。所谓氟化气体（经过氟化的温室气体）在排放总量中占不到2%。

电力部门是当前温室气体排放的最主要来源，比例超过30%。主要为家庭用电和工业用电。这两项还是直接排放的重要来源，比如家用暖气（占总排放量的8%）、生产过程以及工业中燃烧化石能源（占总排放量的13%）产生的废气排放。农业、土地利用变更与砍伐树木共占总排放量的17%左右，交通运输部门占总排放量的15%左右。

很长时间以来，全球绝大部分的废气排放都由发达国家造成。近几年发展中国家赶了上来。1990年至2014年，经合组织成员的排放量没有实际变化，而同时段亚洲的排放量翻了一倍多。尽管如此，发达国家当前的人均排放量还是明显高于发展中国家；从发明蒸汽机后至今，发达国家排放到大气中的温室气体总量也要高于发展中国家和门槛国家（见表1）。

近20年来的数据表明，对于发达国家与发展中国家的划分已经没有意义了，因为现在造成温室气体排放量增长的不仅仅是发达国家。当前美国和澳大利亚的年人均排放量分别为18.9吨和28吨二氧化碳当量，明显高于欧盟的7.5吨。德国的年人均排放量为9.6吨，高出欧盟2.1吨，并高出6.7吨的全球平均值的40%。中国也是如此。在过去几十年间，中国的废气排放量迅猛增长，不仅成为世界重要的债权国，还因其8.2吨的年人均排放量被归入发达国家。相反，印度的年人均排放量只有2.5吨。如果印度要效仿中国的发展模式，每年可能会增加超过7亿吨碳当量——超过当前全球排放总量的14%。上述这些国家废气排放的最主要来源是能源利用，即煤、石油和天然气等化石燃料的燃烧，而有些国家的排放来源主要是土地利用变更，尤其是那些拥有广阔雨林面积的国家，如巴西和印度尼西亚。

表1   各国/区域人均温室气体排放量的二氧化碳当量
及1990—2014年间的累计总和

国家/区域	2014年吨二氧化碳当量（人均）	2014年亿吨二氧化碳当量绝对值（在全球总量中所占的百分比）	1990—2014年亿吨二氧化碳当量累计总和（在全球总量中所占的百分比）
欧盟28国	7.5	3.8 (7.8%)	114 (11.5%)
德国	9.6	0.8 (1.6%)	23 (2.3%)
法国	5.9	0.4 (0.8%)	11.6 (1.2%)
英国	7.6	0.5 (1%)	15.9 (1.6%)
美国	18.9	6 (12.4%)	153.3 (15.5%)
澳大利亚	28*	0.7 (1.3%)	14.7 (1.5%)
日本	9.2	1.2 (2.4%)	29.6 (3%)
韩国	13.3	0.7 (1.4%)	12.3 (1.3%)
中国	8.2	11.1 (23%)*	155.9 (15.7%)*
印度	2.5	3.3 (6.8%)	48.5 (4.9%)
印度尼西亚	8.3	2.1 (4.3%)	39.1 (3.9%)
巴西	9.8	2 (4.2%)	44.6 (4.5%)
南非	8.7	0.5 (1%)	9.8 (1%)

*每列的最大数值。
来源：CAIT（2014年）和经济增长与发展中心（GGDC）。

全球化使得国家间的外贸在商品和资本市场起着越来越重要的作用：商品一经出口，也就间接产生了排放出口。对商品的进出口贸易产生的废气排放进行度量，就是所谓基于消费的废气排放。它不是在某个国家内部测量，而是测量那些在全球的商品和服务消费链中产生的废气排放。其计算方法是，从"基于生产的"废气排放量中将出口商品所含的排放量扣除，同时加上进口商品所含的排放量。当然，这些排放量不能直接测量出来，必须根据对生产过程的预测进行估量。国际贸易的产品占全球总排放量的1/4，由此可见这个基于消费的废气排放量的重要性。发展中国家和门槛国家基于消费的废气排放比基于生产的排放量更低，而发达国家的情况则正好相反。由此容易得出这样的结论，即发达国家将废气排放量大的工业大量转移到了发展中国家，这其实是一种误导。废气排放产生出口顺差或逆差的原因有许多：能源生产的技术不同、贸易差额失衡或者出口专门化，尤其是排放量大的产品。基于消费的废气排放量只是一个会计数值，还不能从中推导出造成全球废气排放的责任分配。这样的责任分配需要做一个"如果这样，就这样"的考虑。对比消费只限于本国生产产品的情况，可以查核，一个国家的进口实际上多大程度地增加了全球的总排放量。尽管如此，我们还是尝试着通过区分基于生产与消费的排放——按照不同需求判断——到底是发达国家还是发展中国家应该要对排放量的增长承担更大的责任。责任更大的国家未来必须尽可能地承担更多减排费用。气候保护的责任分配是一个重要的政治和道德问题，不能仅仅凭借基于消费或基于生产的排放量来决定。

经济增长与人口增长

在人类历史上，人口、人均收入和温室气体排放量在很长一段时间内都保持相对稳定。自从大约250年前爆发的工业革命以来，地球上的人口数量增长了7倍，而人均收入更是增长了10倍之多。

尽管近几年人口增长的趋势放缓，联合国的人口投影图显示，截止到21世纪末世界人口将继续增长至少20亿。世界经济在未来几十年也将强劲增长，尽管大部分经合组织国家的经济衰退。人口和人均收入的增加直接造成了排放量的增长，因为迄今为止，每单位国内生产总值的能源消耗（能源强度）以及每单位能源产生的二氧化碳排放（碳排放强度）没有出现相同程度的下降，所以不能阻止排放量的增长。近几年来，由于能源使用效率的提高以及工业转向服务业的结构调整，能源强度在持续下降。然而它下降的幅度还不足以抵消世界人口增长与收入增长对全球排放量的影响。此外，能源的使用效率也不可能继续保持前几年的提高速度。以中国为例，20世纪50年代末至60年代初由于冒进的工业化尝试造成了大量能源的无效使用。而在近几年，中国通过更新旧设备，已经取得了接近经合组织平均水平的能效利用率。

我们希望，通过高度现代化和高效的科技投入，门槛国家和发展中国家不再简单地重复发达国家的经济发展历史。事实上，如今有许多国家都致力发展无线电通信，跳过了建设固网基础设施的阶段。这个所谓的"跳跃"使得一些观察员产生期许，希望能够通过更低的能源投入达到既定的人均收入目标。然而这个希望至今还没有实现。尽管在很多国家，包括许多门槛国家和发展中国家，可再生能源和高能效技术的比例在增长，但化石能源依然占据主导地位。快速发展的发展中国家效仿发达国家采用过的发展模式。因此，它们无法使得能耗脱离于经济和人口增长而发展。只有当人均收入达到一定程度时，才会出现这种脱离于经济和人口增长的情况。例如，德国2013年的能耗比1990年的低了9%左右，英国降低了5%左右。而法国同一时段的能耗虽然增长了，但是13%的能耗增长明显要比经济效益缓慢。有趣的是，收入和排放之间的这种关联不仅体现在国家层面，还体现在家庭层面：因此经济落后国家的富裕家庭与发达国家同等收入的家庭呈现出类似高的"碳足迹"（即消费行为产生的人均温室气体排放）现象。那些处在发展过程中的门槛国家或发展中国家未来将会成为推动全球排放量不断上升的主要力量。

　　但是，我们不要被以前的这些观察结果误导，认为未来在经济上或技术上都无法实现温室气体排放与经济增长的脱离。为此需要迄今还没出现的、合适的政策性框架条件。以前，门槛国家和发展中国家没有意愿接受本国的最低排放目标，尽管它们比发达国家更易受到气候变化的影响产生损失。他们担心，这会损害他们未来的发展机会，他们过去几十年的经济成果会被一个草率的气候政策化为乌有。充足的能源供应是经济发展的最基本的前提，这点的确值得考虑。如果不以国民生产总值作为判断一个国家经济效率的指示器，而是参照联合国的人类发展指数，这个关联依然存在。在国家层面上，不论是国民生产总值还是人类发展指数的提高，都会伴随着更高的能源消耗量。当然，消耗的能源并不一定是化石能源，也可能是水能、风能、太阳能、生物质能甚至是核能。但是，低排放的能源价格通常要比传统的化石能源更高。而恰恰是经济落后的国家更加不愿意承担额外的花费，因为这可能会有损其他的发展目标，例如教育或社会保障体系建设等。他们认为，既然历史上的废气排放大多是发达国家造成的，就应该承担责任、减少排放。因此，印度政府拒绝接受规定的废气排放限制。不过，印度政府宣布，印度的人均排放永远不会超过发达国家的平均值，并将履行《巴黎协定》框架下关于降低其经济增长的碳排放强度的义务。

煤炭复兴与化石能源供应

没有化石能源，就不能有工业革命。直到18世纪后期，欧洲人还依赖太阳光以及在食品和饲料生产过程中间接储存起来并转化为肌肉力量的热能来满足他们的能源需求。人们还安装了风车和水车，用于浇灌庄稼和经营锯木厂。蒸汽机发明之后，储存在煤炭中的太阳能才得以利用，对于生物质能的传统使用界限被打破。内燃机的发明使精制石油得以转化为机械能源。汽车和船运的兴起降低了运输成本，促进了经济和社会的全球化，而它的后果人类现在才开始领会到。因此，社会学家维尔纳·桑巴特把煤、石油和天然气等化石能源称作人类中彩的奖金。

　　煤炭在很长时间内都是最主要的能源。直到20世纪中期，"煤王国"才被石油取代，更多地用于迅猛发展的运输部门。同样，20世纪80年代后期核能才在发达国家大规模使用，目前已经发展为许多国家最重要的能源之一。在此尤其要提到的是法国，核能构成了当前法国80%的发电和40%的初级能源消耗。告别煤炭似乎已经势在必行：国际能源署（IEA）和主要的能源专家在21世纪初证实，煤炭的主导作用已经被石油和天然气取代。然而事情又有了变化，几乎无穷的煤炭储量及其廉价的开采工艺再次吸引了面临日益增长的能源荒的门槛国家和发展中国家。中国现今的初级能源中，煤炭占据了70%。尽管2014年的用煤量有所下降，但中国消耗的煤炭数量相当于其他国家消耗的煤炭总和。

　　中国在实行了大气污染控制政策并与美国签订了双边气候协定之后，放缓了建造新的火力发电厂的步伐；而其他国家却计划加快扩建火力发电厂的速度。例如，印度宣布，截止到2019年其国内的煤炭使用量将是2013年的两倍，以此作为应对本国蔓延的贫困问题的重要步骤——尽管它对于民众的健康频频造成严重影响。2017年，中国和印度明显减少了用煤计划。而土耳其、埃及、菲律宾、韩国、日本、孟加拉国等国家和中国台湾地区都计划建造新的火力发电厂。如果这些发电厂真的建起来，那不仅对于短期和中期减排是一个大麻烦，更将长期"锁定"为碳密集的基础设施。由于能源基础设施如发电厂、电网等的寿命为30到50年，我们可以推断，现在新建的许多设施可以一直工作到2060年。

煤炭市场的全球化使得这个世界范围内的发展成为可能。它产生的后果是，大多数门槛国家虽然加大了用煤量，却不再依赖于本国的煤炭储量。新建的运输基础设施降低了运输成本，这使得那些煤炭储量低的国家也能从"煤炭的复兴"中获益。例如，澳大利亚采掘的煤炭中70%出口给亚洲。所以，"煤王国"轰轰烈烈地回归了。尽管在美国天然气的竞争使得煤的使用量回落，但在中国和印度保护空气的措施促使了数间发电厂的关闭。

20世纪70年代的两次油价危机让发达国家第一次体会到"增长的极限"。1972年，罗马俱乐部预言化石能源将很快终结。如果这个预言准确，那么石油、天然气和煤炭的价格将会继续上涨，可再生能源早该占据市场。人们希望，对于化石能源紧缺的猜测能促使世界经济由提高价格走到气候政治道德化的路上来。然而，这个希望成了泡影。过去几十年间，化石能源的供应甚至在持续增长。近十年来石油价格的上涨，使得人们加大力度寻找未曾发掘的新的蕴藏地或者开采隐蔽的矿层，如海底矿井。在所谓的油砂中也有巨大的储备量，每桶油的定价约为120美元，有利可图。所谓水力压裂方法，即使用掺入特殊化学物质的水对岩石层进行高度加压以释放石油，使得美国的石油开采量迅速上升，极大地缓解了国内对于石油进口的依赖，从而导致世界市场的石油价格从2009年的每桶120美元在2016年一度降至每桶不到35美元。石油价格下降的首要原因是，近十年来许多新油田的开采使得石油的供应量增大。不过，由于投入有限，2009年的标准很快又能达到。这样看来，加拿大拥有的石油储备量可以和沙特阿拉伯相提并论。但是，这些储备石油的开采将会极大地危害气候和当地的环境。

水力压裂法技术的进步提高的不仅是石油的供应，还有天然气的供应。这使得美国近几年的供电大力向天然气转移。因为天然气的价格比煤炭的价格低，美国很可能会在特朗普总统执政期间迅速地退出传统的煤炭使用模式。由于可能对人类健康和水质量造成影响，水力压裂法在过去常常饱受争议。但是，如果碳含量明显更低的天然气能取代煤炭，水力压裂法至少对于气候是有好处的，不是吗？事实或许并非如此。美国富

余的天然气使得本国的煤炭受到排挤，煤炭的低需求降低了其
价格。因此，增加煤炭出口对美国来说便是理所当然的事情。
预期中对气候有益的天然气的净效应因而接近于零。此外还存
在这样的风险，水力压裂法要比传统的开采方法产生多达20%
的沼气排放。这样一来，天然气的排放强度和煤炭的也相差无
几了。

砍伐树木与土地利用变更

　　树木尤其是雨林的砍伐与农业一起共占全球总排放量的
17%左右，是继化石燃料之后的第二大温室气体排放源。土地
利用变更产生的温室气体排放大部分由排干沼泽地和开垦林地
造成。沼泽地中储存着大量的二氧化碳，在改沼泽地为农业用
地的过程中释放出来。2000年到2013年，全球森林储备量减
少了1500多万平方公里，几乎占了全球森林面积的4%。巴西
减少砍伐的政策由于其他地区的乱砍滥伐而变得毫无意义。南
半球国家，尤其是印度尼西亚和巴西等，由于森林的砍伐而造
成人均排放量居高不下。印度尼西亚由于森林砍伐产生的人均
排放为8吨二氧化碳当量，占全国总排放量的85%。

　　然而，森林砍伐并非是只在南半球上演的剧目。北半球的

森林储备量也大量减少，特别是俄罗斯和加拿大。除了现有的气候变化、病虫害和森林大火之外，露天采矿、油砂开采和重工业地区的酸雨现象也是导致森林储备量减少的重要原因。北半球森林面积的减少并没有产生这么高的排放量，因为某些地区（如加拿大）通过植树造林做了弥补，另外北半球每平方米森林中的碳含量也比热带地区更低。

南半球树木被砍伐的原因有很多。最主要的原因是农业用地的扩张和更多无人居住地区的开拓。道路的修建使人们能够到达之前还很闭塞的区域，降低了运输成本并使得木材利用有利可图。在很多国家，林场主们在林地可能被征收之前，就迅速地砍伐了林木，以获取更大利益。森林保护的法律也几乎没有得到落实。在印度尼西亚，尽管国家颁布了严格的雨林保护法，每年被开垦的林地依然多达84万公顷。这明显高于巴西的46万公顷——而印度尼西亚的原始森林面积只有亚马孙河流域雨林面积的1/4。

当然，森林不仅是碳的储藏地，还能储存水等资源、调节当地气候、防止水土流失。全球平均气温的升高使得森林的这些作用越来越弱。由此出现了这样的恶性循环：砍伐森林导致全球平均气温升高，气温升高导致森林的功能和作用削弱，最终导致发生气候变化的风险提升，尤其是那些靠农业和林业为生的地区。

土地利用变更不仅会产生二氧化碳，也会产生温室气体排放。例如，水稻种植和畜牧养殖过程中会产生沼气排放；农业中化肥施用量的增加会造成一氧化二氮（N_2O）的排放。由于单靠新品种或改进种植技术不能再满足农产品的需求，人们因此增加了化肥的使用。这个需求以后还将增大，因为人均热量摄入与人口成正比增长。那些摆脱了贫困的国家的肉类消费快速升到顶峰，导致过去几年的沼气排放迅猛增长。如果将来这个消费模式继续发展，到21世纪中期，沼气的排放量将翻一倍。

能效与可再生能源

尽管已经达成统一的目标，世界各国至今仍未实行雄心勃勃的气候政治。不过，近几十年来，能效和可再生能源的推广都有提升。

过去几十年中，大多数国家的单位新创造价值（即国民生产总值）消耗的能源数量都在持续减少。家用电器的能耗也明显下降。更高效的内燃机使得相同功率的耗油量更小，这使得美国过去40年里每行驶一公里消耗的能源减少了将近一半。但是，能效的提升并不能一对一地减少能源消耗，而是会激励生产部门用能源替代劳动或资本，也就是说，能源消耗更低的相对价格使得需求量增大（回弹效应）。消费者们可将由此节省的能源成本更多地用于购买那些能耗增大的产品。例如，虽然发动机的能效明显提高了，但是汽车的能耗往往和20年前没多大差别，因为提高的能效被其他功率抵消了。

风能和太阳能光伏的成本在过去10年间有了大幅降低。可再生能源的推广使得企业能够明显地降低成本：改进生产工艺，如微芯片中的波形转换器生产，以及国家推动研发的政策，都于此有助益。与化石能源相比，可再生能源产生的排放量更低，其技术潜能也能满足未来可预见的时间内人类的能源需求。但是，受产地和扩建规模所限，可再生能源大多还是要比化石能源更贵——天气波动产生的成本也计算在内。其实，如果要完全对比两者的成本，还必须将化石能源的附加费用也准确地计算出来。事实上，化石能源具有大量的附加费用，因为空气污染的成本没被列入价格构成中。如果将这部分成本换算出来，则全世界每吨二氧化碳的附加费约为150美元。尽管存在曲解，但可再生能源在全球初级能源中所占的比例也已达13%。其中一半为类似柴火、化肥等传统生物质能。全球约有22%的电通过可再生能源生产，其中绝大部分是通过水力发电。自2004年以来，对可再生能源的年投资量翻了7倍多（从不到400亿美元增至2800亿美元），对安装新设备的投资比重持续在增加。2015年，可再生能源的设备首次超过了设备总量的一半。太阳能和风力设备的增长尤为迅猛。然而，仍有接近一半新建的设备用于化石能源。尤其是煤炭,廉价且蕴藏量丰富。如果任当前的形势继续发展下去,是不可能达成2摄氏度目标值的。下一章就为大家介绍全球能源体系的转变。

第三章 —————— 气候政治的目标
和途径

联合国政府间气候变化专门委员会最新的评估报告取得了科学性和政治性的重要认识：2100年的全球平均气温由累积碳预算决定。累积碳预算是所有21世纪预计排放的温室气体总和。要想保持2摄氏度的阈值，只能再排放大约800亿吨二氧化碳。这个碳预算决定了全球平均气温以不可逆转的方式升高。假如存在将已排放到大气层中的温室气体收回的可能性，那么在特定条件下，可以有更高的预算。如果到21世纪下半叶，大自然亮出了它的底线，届时人们将发现，气候变化会产生哪些危害。到那时，人类只有两种选择，要么适应气候变化的影响，要么直接调控碳排放预算。

由此得出一个重大的政治结论：要想保持2摄氏度的阈值，就必须把大气层当作有限的温室气体寄存间。迄今为止还没有做到这一点。因为"强者权利"的存在，每个人都能自己决定往大气层中排放的温室气体量。社会科学的文献中称之为公共池塘资源，没有规定使用权，因而存在滥用的风险。只有明确规定了使用规范，公共池塘资源才能转变为全球的共同财产。确定一个气候政治目标的前提是，要把大气层看作人类的共同财产，只有这样，才能约束对它的使用。虽然2摄氏度的阈值并不是决定大气层作为全球共同财产的前提，1.5摄氏度的目标值也须如此。但是，如果碳预算减少到1/4或更少，对大气层这个寄存间也要进一步限制。如果目标值为3摄氏度，碳预算几乎可以翻一倍，但寄存间依然有限。只有当目标值接近4摄氏度的时候，对于寄存间的限制才没有必要。因为到了那时，世界上反正已经没有适用的气候政治了。因此，确定全球气温上升的界限是气候政治的必要任务。

转变全球能源和土地利用体系势在必行，只有必须减少未来几十年的温室气体排放量，才不会超出规定的碳预算。本章将描述，为此需要哪些技术，其成本是什么。同时论证，不论是单纯的适应气候变化，还是加大太阳辐射管理的投入力度，都不是减少温室气体排放的可行性选择。

2摄氏度目标值（阈值）作为长期的气候政治

《巴黎协定》明确将2摄氏度阈值确定为国际气候政治的目标值，同时提出要为把升温控制在1.5摄氏度之内努力。为实现这一目标，《巴黎协定》要求全球尽快实现温室气体排放达到峰值，21世纪下半叶实现温室气体净零排放。这就意味着，温室气体的排放量只能是海洋、土地或技术系统（如地下存储）从大气层回收的数量。

　　为了使全球平均气温能够确定在这个理想的峰值内，一方面，有必要将气候保护的成本与气候变化预期将产生的危害进行对比；另一方面，将气候保护的成本与适应气候变化的成本进行对比。但是，只有当气候变化的所有相关后果以及产生这些后果的概率都明确的情况下，才能做这个成本效益分析。如何对此进行评估，也必须形成统一意见。然而，应该如何衡量21世纪下半叶将出现的气候危害与规避主要由当代人承担的成本，目前还没有取得道德上的共识。此外，对于世界各国收入和资产分配不均衡的评估也不一致，而使不同国家和地区的经济损失与成本具有可对比性，是非常有必要的。关于所谓"碳的社会成本"的科学讨论，除了探讨气候变化的生物物理学影响及出现的不确定性，以及相关的评估方式，还并未得出一致结论。虽然有些成本效益分析指出，2摄氏度阈值完全是最理想的。但是，如果社会贴现率的变化改变了标准设想，结果也将截然不同：后代越注重利益、对分配不均衡的接受度越低，则气温目标就越远大。

　　常有人说，2摄氏度的目标值早已不能实现。为了将全球平均气温控制在2摄氏度以内，骤然降低排放量是一个严峻的技术、经济和政治挑战。要实现这个远大目标，生物质能起着主要作用，这点我们接下来将予以说明。因此，有些作者担心，大量使用生物质或许会对生物多样性与耕地及粮食的可用性产生负面影响。此外还有人担忧，减排的成本对于有些国家尤其是发展中国家来说太高了，他们必须限制本国的发展潜力才可能承担得起。如果真是这样，那么2摄氏度阈值就是一个空洞的口号，因为减排同样会具有不可逆转的巨大风险。

所以，我们必须估计出限制排放量的成本和风险以及限制排放的概率。未来农业收成的改善将不能生产粮食的土地用于种植生物质，能够大大提高生物质能的可用性。这样就能保障生物质能的使用不会导致粮食短缺。因此，使用生物能源的风险能够通过合理的农业政策加以限制。同样可行的是，通过与发达国家实行公平的责任分担，可以大力降低发展中国家的成本。通过给最贫困地区提供经济支持，来平衡因耕地有限可能导致的粮食价格的提高。

综上所述：2摄氏度的目标值隐含着一些经验性、规范性的假设。这些假设是合理的，而又不仅仅以气候变化的生物物理学影响为根据。2摄氏度阈值的假设包括：

——如果升温能保持在这个阈值内，气候变化预计带来的不可逆转的严重后果可被限制在可接受的程度；

——减缓与适应气候变化之间的分工可与代内和代际的公正性需求协调一致；

——经济和技术上能够实现，同时不损害其他的可持续发展目标。从道德角度出发，要让人担责任，必须满足这一点：道德上的"应该"必须以"能够"为前提。

如果上述三个假设中任何一个能被人以很好的理由反驳，

那么2摄氏度阈值的意义就值得商榷了。不断有证据表明,气温升高2摄氏度已经会造成不可逆转的危害,而且某些发展中国家适应气候变化的能力已经达到极限。这种迹象比比皆是。相对来说,1.5摄氏度的目标值能否实现就不确定了。确定2摄氏度这个阈值实际上是考虑到规范性的冲突与科学的不确定性之后做出的让步。当然,只要取得了新的科学认识或者能用很好的理由反驳这些规范的先决条件,这个目标值是可以修改的。《巴黎协定》将修改到接近最低值。

转变路径

通过比较无任何气候政策下可能发生的情况与通过必要的气候政策来实现预定的最高升温目标值,可以看出实行气候政治的必要性。为此需要设计出一些情景,以回答关于人口增长、经济发展、科技进步、化石能源的可用性与零排放能源技术的成本等问题。这就是所谓"一切照旧情景"(BAU情景)。它描绘的是一个没有气候政治的世界。在此基础上可借助于电脑模型设计出其他的情景,用以展示人类如何能够避免这种"继续这样"的情况,从而实现某个最高升温目标值,如2摄氏度目标值。这些特殊的情景被称为政策情景。这些情景展现出，全球能源和土地利用系统须在什么程度上进行转变，因而也常常被称作转变路径。但是，这些情景并不是对未来的预测，而是通过系统性转变对未来的预测使得未来更加明朗。在此过程中，人们依靠的不是单一的路径或电脑模型，而是对许多路径和模型的对比，以期通过这个方式至少可以估计出大致规模和关联。为此，联合国政府间气候变化专门委员会提取了超过1200个情景，以便在这个迄今还不熟悉的领域至少为决策者们提供一个粗略的路径描述。这里提到的情景不是以成本效益账单的形式提出的，而是所谓成本效益分析法。也就是说，通过这样的方式计算减排量：用最低的成本达到某个特定的最高升温目标值，如2摄氏度目标值。为了不浪费可用在其他重要的政治目标的资金，成本最小化是很有必要的。用尽可能少的资金投入实现预期目标，气候政治是具有成本效益的。至于这个最高升温目标值是否确为期望值，还不得而知。

BAU情景表明，在没有任何气候政策的情况下，截止到21世纪末，温室气休年排放量将从2014年的49亿吨二氧化碳当量增加到超过100亿吨二氧化碳当量。这个排放路径会导致大气中的温室气体浓度从当前的400ppm提高到超过1000ppm，从而极有可能致使全球平均气温升高超过4摄氏度。同时，这些情景也显示出，在没有气候政策的情况下，能效依然能够进一步得到提高，可再生能源的使用可以进一步降低成本。但是，这些发展还远远不足以填补持续增长的能源短缺。化石燃料的使用量却明显还在增长。所以21世纪最大的问题，恰恰不是化石能源的短缺，而是其充足的存储量。如果将已知储存的所有煤炭、石油和天然气燃烧，那么全球平均气温将以人类文化史上前所未有的速度和规模上升。

如果我们要偏离这个路径，又将意味着什么？到21世纪末为止，温室气体总排放不可超过800亿吨二氧化碳当量，才能保持2摄氏度的阈值。[1]即使排放量维持在现有水平，大气层中剩余的寄存空间也只够用20年。要想不超过这个预算，90%在BAU情景中用到的煤炭和2/3的天然气与石油必须原封不动地留在地面。此外，碳析出与储存、碳捕集与封存（CCS）也起着重要作用，本章将对此进行具体描述。雄心勃勃的气候政治能够降低煤炭、石油和天然气的持有量，并给能源依赖型经济体施加巨大的适应压力。相反，将资金投入到碳含量少的新技术使得投资者们可以增加利润，而通过征收温室气体排放税也能为财政部和环境部创收。

要尽可能地降低温室气体排放的成本效益，在2020年达到排放量峰值，之后必须迅速减少排放。越晚达到峰值，减排的力度就得越大——这会产生更高成本、快速扩建新技术、造成更高的出错率以及执行更小的政策贯彻力度。过大的时间压

---

1 碳预算以二氧化碳当量为单位。本书中温室气体排放量以小于二氧化碳当量20%为基础。

力、没有给人们留出民主决策的空间，可能会极大地降低雄心勃勃的气候政治的成功概率。

即便是一个不这么雄心勃勃的气温目标，如3摄氏度目标值，也依然要求大规模地转变能源体系。尽管这样降低目标只能争取到少量的时间，使得峰值年份可以稍微推迟并且每年的减排量能降到更低，但这并没有改变与BAU情景相比迅速降低排放的必要性。关键是：人类必须尽快开始实行有效的气候政治。

科技进步的新方向

减少温室气体排放量有两个主要方法：一个是降低能耗，另一个是减少每单位消耗能源的排放。要成功做到能源转变，必须提高能效并降低碳强度。通过结构调整或者改变消费模式可以提高能效。而要降低碳强度，则需要新技术。

具体来说，可以通过改善房屋的绝热性以及提高照明、生产过程、驱动技术和公共交通扩建的效率来提高能效。从汽车回归自行车以及更高效的供暖和通风能够降低能耗。积极的气候政治可以减少能源利用产生的环境损害，即便没有这一层考虑，这样节约能源也是值得的。但是，由于缺乏信息、风险过高或信用贷款的渠道不够，许多节约方法的潜力还没被挖掘出来。即使这些方法都能用上，也很难想象能够通过这些方法将

至今已产生的排放量的90%省下来。而只有这样，才能实现2
摄氏度的阈值（参照BAU情景）。

　　因此，人们必须依靠新技术降低碳强度。诚然，所有经济
部门都要做出相应调整，但其中最重要的两个部门是电力部门
和运输部门。电力部门可以有许多选择，其中包括成本相对较
低的情况。后续部分我们还将讨论负排放这个争议性话题，它
对于2摄氏度阈值的实现起着决定性作用。

电力部门

　　近些年来，太阳能、风能、水力发电、地热能和潮汐能等
的电源成本已经明显降低。考虑到可再生能源的波动造成的成
本，它们与煤炭相比依然没有竞争力。跟化石能源相比，可再
生能源不能随取随用。什么时候有阳光或者起风，这些最多只
能短期预测出来，人类不能施加影响。可再生能源的比重越
大，就要求日照或风速的波动越小。针对可再生能源的波动
性，人们可以将广阔区域间的电网彼此连接，并将该区域的波
动平衡至平均值。此外，天然气可以作为通往零排放经济体的
桥梁。由于燃气涡轮机打开和关闭的速度很快，在没有储电技
术或者电网的地理分布还不能平衡这种波动的情况下，必须加
快增加可再生能源的比重。同样可行的是，通过所谓"智能电
网"灵活调整用电，以降低供电不足时用电需求的峰值。除此

之外，人们还可以将电储存在抽水蓄能电站中，或者将燃气涡轮机的可调整容量按需求迅速调整。当然，这会产生额外的成本，并且随着用于供电的可再生能源份额的提高而增加。

核能是一种碳排放量低的能源，但并非零排放能源。虽然用铀发电的过程中不会排放二氧化碳，但是在开采燃料的时候由于能源集中，在整个供应链中会产生大量碳排放——至少在没有相关脱碳措施的情况下是这样的。由于核电站的荷载是固定的，它很难灵活地适应可再生能源的供应波动。因此，核能的高份额与可再生能源的高份额是对立的。人们必须决定，主要依靠核能还是可再生能源。到目前为止，这还不是个大问题，因为不需要增加太多成本就可以用可再生能源取代核能。如果核能对社会造成的风险过高，那么雄心勃勃的气候保护不需要使用核能也能实现。

运输部门

运输部门目前还没有比石油成本更低的能源选择，因此这个领域的短中期减排目标较难实现。从中期来看，运输部门的电气化是个大有可为的选择，因为通过可再生能源或核能发电相对容易且成本较低。可以考虑将电动汽车作为"智能电网"的组成部分，接收多余的可再生电；并在用电需求达到顶峰将电释放回电网中的存储装置。电动汽车目前才刚进入市场，大多续航里程低且使用的蓄电池成本高。成本减半、功效翻倍之后，电动汽车才具有竞争力。氢汽车的技术至今也同样没有成熟到可以实际取代传统内燃机的程度。

用生物乙醇或生物柴油能够零排放驱动汽油发动机。这些发动机燃料与石油燃料较为相似，在许多国家已经在一定程度上默认混合使用了。然而，能否生产出需要数量的零排放生物质能，还不得而知。如果它要以砍伐原始森林或者排干湿地为前提，则对于气候来说更是白忙一场。因此，对于从农产品中产出大量可持续性的能源，还有许多顾虑。下一小节将对此做进一步阐述。

工业和农业部门

工业部门的脱碳也同样要依靠大范围的电气化（电的生产相对容易实现零排放）。电气化只对少数几种工业不具吸引力，转而找寻其他途径。这也就是所谓过程中碳排放。它指的是，不是通过能量获得，而是通过化学过程，例如石油化学中的化学过程产生的碳排放。避免这种排放的方法在于替换涉及的产品以及——至少在一定程度上——使用碳收集与保存技术［碳捕集与封存（CCS）］，使得二氧化碳不会释放到大气层中，而是储存在地下地质岩层中。

在农业中，通过节约使用化肥能够明显减少笑气的排放。

即便不考虑它对于气候保护的价值，这样的管理实践在经济上也是值得的。凭借新的耕犁方法，土地可成为碳储存容器。减少肉类消费在气候政治中也起着重要作用。因为如果中间使用了动物机体，植物类食物在人类机体中转化为可用能量的效率会变低。如果全世界人们都吃素食，那么约占总排放量14%的农业部门的温室气体排放量将减少约1/3；如果吃全素，甚至能减少一半。

负排放的必要性

雄心勃勃的气候保护情景要求做到负排放，即从大气中移除二氧化碳。生物能源（BE）与碳捕集与封存（CCS）技术将生物物质在燃烧过程中产生的二氧化碳捕获并封存在地下岩层中。植物在生长过程中会吸收大气中的二氧化碳，而在燃烧过程中通过收集技术不再产生碳排放，因此生物能源（BE）与碳捕集与封存（CCS）技术是创造负排放的一个可行的选择，更是雄心勃勃的气候保护战略的核心组成部分。不过，因为此技术不仅需要大气层作为寄存间，还需要地下岩层，所以化石能源的使用还将持续更长一段时间。碳捕集与封存（CCS）技术在公众中的名声差，是因为它像是延长煤炭使用的一个借口。

到目前为止，CCS技术及与之相关的物流技术还没有完全成熟到可以大范围推广应用的程度。虽然碳析出技术和运输技术已经成熟，但是对于安全的地质岩层可用性的研究还太少。
况且，这个技术并非没有风险。哪怕被储存的二氧化碳有一小
部分泄漏出来，良性的气候效果也将化为乌有。CCS技术没能
得到广泛应用，主要还是经济和政治原因：只要没有碳排放的
奖励，就没有企业有兴趣使用这个技术。在很多国家，这样的
基础设施项目在民众中也遭受了巨大的阻力。

　　可用以实现负排放的其他方法还有，植树造林或将木炭封
存在土壤中并在土里同时充当肥料（生物炭）。加速某些矿物
质，如方解石的风化，也被广泛讨论。在这个自然过程中，二
氧化碳从大气层中被析出，而通过分散已变碎的矿物质可以使
该过程加速。同样被提出讨论的还有给海洋施肥，即施加铁
肥。它能极大地加速海洋浮游生物的生长，而这些海洋浮游生
物能够吸收大气中的二氧化碳。这项措施可能对海洋生物的食
物循环产生什么样的后果，至今还没有得到充分研究。此外还
有人提出，用人造树木将已排放的碳从空气中过滤出来，并通
过化学过程捕获二氧化碳（直接空气捕获）。因为空气中二氧
化碳当量只含有约400ppm，即0.04%的二氧化碳，含量较低，
所以这个方法光从技术层面考虑已经是成本过高、花费巨大。
显然，以上提到的这些方法都不是万能的，但是在为了避免危
险性气候变化而采取的气候政治一揽子投资项目中，它们都做
出了重要的贡献。

气候保护的成本和风险

要进行气候保护，我们必须放弃什么？人类社会对于教育或卫生保健的投入会因此变少吗？为回答这些问题，经济学家们将国民经济成本当作机会成本衡量。当然，人们也会问，实行气候政治可以为人类社会赢得什么。在前文就已论证过，我们无法做出成本效益分析。因此我们放弃用金钱评论气候保护的好处，而更多地讨论如何找到途径，使得气候保护不会与人类其他基本需求对立。

联合国政府间气候变化专门委员会用"消费损耗"作为估算各个国民经济体成本的标准。它表明，人类必须在其他领域少投入多少资金，才能保障气候系统的稳定。这里指的不仅是个人消费，还有公共消费。这个估算的结论是，即便是实现雄心勃勃的2摄氏度目标值，由此在全球产生的成本也是相对适度的，世界各国的国内生产总值在2100年之前平均只会降低约5%。当然，换算成绝对值，这依然是一个很大的数目——按当前的国内生产总值计算，约为每年3万亿欧元。但是，我们须换个角度看待这个数值：它只相当于年增长率降低了0.06%。也就是说，假设年增长率为2%，现在变成了1.94%。尽管各个模型互有出入，年增长率的降低值还是在0.04%和0.14%之间波动。简短而通俗地说：要拯救我们的地球，代价并不是全世界。因此保护气候是值得的。不过，它在不同地区产生的成本也不一样，对于那些贫穷国家尤其是个障碍，特别是那些得不到用于减排的经济支持的国家。

　　如果相关的技术支持有限或者完全跟不上，那么雄心勃勃的气候保护的成本将明显增加。如果可再生能源的推广受到大力限制或者生物能源和碳捕集与封存技术得不到应用，那么2摄氏度目标值将不可能实现。用不同世界观对比各个模型之后，大致得出以下结论：延迟的气候政治会增加成本，使得投入的风险变大并且只能采用未证实过的避免措施。因而上述情况更应值得注意。控制气温升高的目标值越高、政策的延迟越明显，因技术投入有限导致的成本增加的幅度就越大。而生物能源和碳捕集与封存技术应用得越少，原因有社会接受度不高或者为了避免与食品生产发生竞争等，成本增加的幅度也会越大。

　　雄心勃勃的气候政治的主要风险之一是生物质能的大规模应用。有的情景认为，全球超过1/3的耕地面积被用于种植植物以制造生物能。由此产生的对于肥沃土壤的争夺会导致粮食价格的显著提高，这将首先对那些生存已到最低限度的贫穷地区造成损害。对耕地的需求上升也会导致乱砍滥伐加剧，由此不仅产生温室气体排放，还会损害生物的多样性，如亚马孙河流域。大规模的生物物质种植造成的额外用水还会影响地下水储备，进一步加剧了早就存在的水资源紧缺情况。对21世纪末至少会增至90亿世界人口的可持续的粮食和水供应，只能通过大力提高农业产量来实现，例如新的高效管理方法和新的植物育种方法（在欠肥沃的土地上种植）。

核能也同样具有很大的技术风险。即使是认真负责的规划也不能保证出现诸如恐怖袭击等灾难性事故的可能性为零。增殖反应堆技术在获取能源的同时产生裂变物质，核能因而在世界范围内得以大力推广，然而这也增加了核物质落入极端的、不稳定的政体手中的可能性。另外，核废料的存放至今也还没得到满意的解决。

地质岩层中排放的二氧化碳对环境和人类健康造成的风险相对较低，因为二氧化碳不是有毒气体。但是，封存在地下的二氧化碳可能会使地下水酸化，并导致砷、铅和汞的浓度增加，因为这些有毒物质在二氧化碳作用下能更好地溶解。这些担忧使得许多国家在相关碳封存技术的测试阶段就将之拒之门外。其实这样的恐慌是没有理由的。尽管如此，政府和工业部门至今还没能成功做到与当地民众就风险问题进行有成果的对话。

尽管可再生能源名声很好，也并非是零风险的。拦截整个河谷建造水力发电厂常常会损害物种的多样性。大型水力发电站的建造经常致使数以万计的人被迫搬迁，如中国的三峡水电站。德国每年因为风车导致成千上万的鸟儿死亡，引起了动物保护者的强烈抗议。

国际社会在《巴黎协定》中提出了雄心勃勃的气候目标。现在该由各国政府决定如何实现这个目标了。因此，各政府应该与民众讨论将投入使用哪些科技。对于这个变革的风险的讨论也不可避免，以防气候政治最终在国家和地区层面遭遇失败。

令人信服的气候政治将导致投资潮流的偏转。用于发电的化石能源的投资被压缩，目前用于勘探和开采化石资源的支出保持在每年1000亿欧元左右。相反，对于提高能效和可再生能源技术的投资每年增长几千亿欧元。气候政治不仅能造就赢家，还将威胁到某些成熟产业的存在。从这个角度来说，部分强烈抵抗气候保护措施的行为也可以理解。然而从气候变化的风险上来说，这种行为就不够理性了。

放弃经济增长和气候保护

放弃经济增长被当作气候保护的重要途径而讨论。初看这是合理的，因为经济增长是过去温室气体排放快速增长的最重要原因，甚至超过了人口增长的影响。因此，回答以下两个问题显然是有用的：第一，如果自然溪谷吸收二氧化碳的能力受到限制，还有可能实现经济增长吗？第二，经济增长究竟是否值得向往？

众所周知，在一个自然资源有限的世界里，人口和能源消耗不能够无限地增长。问题在于，能否将经济增长（即金额）

与自然界的碳排放分离开。经济增长的批评家们提出了反对意见，认为这样一个分离减排的策略要求改革全球的经济，这至今没有先例。因此，他们认为，如果要完全放弃经济增长，那么经济的改革可以放缓进行。也许不再需要生物质能、CCS和核能这样的风险性技术。但是，这样的希冀被证明是一个错觉。即便是经济增长缓慢，大力推动脱碳依然很有必要，并且对减排技术的投资也未发生本质变化。哪怕假设经济增长为零，碳强度（按每单位国内生产总值的排放量测算）每年也必须降低超过5%，才能达到雄心勃勃的气候政治目标，即2摄氏度的目标值。而要实现1.5摄氏度的目标，这个比例还要高得多。这就意味着，不管世界经济是否增长，全球的能源系统都必须从根本上进行改革。

如果技术给社会带来了成本和风险，那就有必要让使用技术的人承担这些成本。但是如果全体都放弃经济增长，则无法承担成本。在不考虑这些技术的社会风险的情况下，每节约1吨二氧化碳当量只会产生1500多美元成本。[1]而只要用造价最低的方法减排，例如用风车代替火力发电厂，那么在每节约1吨二氧化碳当量所需成本低得多的情况下，就能够实现2摄氏度阈值。通过适当的激励机制指引技术进步的新方向，可以

---

1 假设经济效益每降低一个百分点，排放量也降低一个百分点。当前全球的国内生产总值约为76万亿美元，温室气体排放量为49亿吨二氧化碳当量。那么每节约1吨二氧化碳当量，国内生产总值就减少1500多美元。

使经济增长与减排不再对立，放弃经济增长以实现气候保护的需求不再迫切。为此所需的政治框架条件将在后续章节予以讨论。

放弃经济增长的支持者们认为，至少在富裕的国家，经济增长早已不再意味着更好的生活条件。换句话说，在国民生产总值持续增长的同时，生活满意度却停滞不前。尽管这个经验判断还有争议，但它表明了生活满意度与经济增长可能是相悖的。只有与生活满意度，或者通俗地说，与富足的生活条件紧密相关，经济增长才是规范合理的。因此，关于经济增长规范合理性的讨论其实是关于富裕含义的讨论。显然，经济增长不是目的，而仅仅是实现自由或幸福等基本价值的一个手段。但这并不意味着要压缩国民生产总值，因为这代表着更少的资金投入，例如卫生部或教育部。这对于那些作为过去几年来全球温室气体排放的主要源头，且未来的排放预计还会大量增加的贫穷国家来说，意义尤其重大。

我们坚信：经济增长和气候保护是融为一体的；放弃经济增长以保护气候是高成本的选择。经济上激励创新能够为技术进步提供新方向，从而大力减少气候保护的成本。但是，这些都没说明经济增长是否值得向往。人们不应错误地以保护气候的名义要求放弃经济增长。发达国家可以将放弃经济增长与气候政治分开讨论，而发展中国家和门槛国家依然有必要进一步促进经济发展，以便同时投入资金保护气候和消除贫穷。

气候适应——在成功的气候政治下依然不可避免

即使全球平均气温升高幅度被成功控制在2摄氏度，世界许多地区的升温还是明显高于全球平均情况。由此迫使社会做出的反应措施叫作气候适应：筑高堤防、改善灌溉系统、培育新的耐旱植物物种；在养老院安装空调，帮助老人们扛过热浪袭击。气候适应不仅是指技术措施，也包括人类社会该如何灵活地应对气候变化带来的影响，它往往是未知的。例如，为适应不断变化的病症的需求，卫生系统的改革势在必行。农民则需要改善应对气候损害的防护措施。

即便是在成功的气候政治下，人类也不可避免要适应气候变化，避免气候变化。科学界很久以来就在讨论，气候变化化是否也是导致难民危机的原因。数据显示，2006年至2010年，叙利亚遭遇了过去900年来最为严重的旱情。这次旱灾导致大约2万人逃难。有些学者猜测，这次逃难引起2011年的暴动，随后引发了内战。这个简单的因果关系链遭到了其他人的反对。他们指出，阿萨德政府削减经济援助是引发暴动的导火索，因为暴动者主要是穷人。此外还有人指出，粮食生产的倒退主要是因滥用古地下水资源导致的。再者，学者们至今还不能用数据证实，非洲近年来发生旱灾的次数是否真的增多。因此，气候变化是否是导致目前旱灾增多的原因，还不得而知。

即使的确是气候变化导致了旱灾频发，人类也须通过合理的政策，避免饥荒、难民流离失所的情况发生。

问题的关键不在于，究竟是气候变化还是政治原因导致了大批难民逃亡在外。未来气候变化还将使得非洲的旱灾进一步增多，欧洲和非洲间的贫富差距可能还会进一步加大。可以预见，未来将有更多人逃难至欧洲。然而，2015年拥入欧洲的100多万难民已经引发了一场政治危机，欧洲各国政府至今没能解决。气候变化使得包括发达国家在内的所有人类社会即使在成功实行了气候政治的情况下，也必须提高适应气候变化的能力。而他们是否能够做到，还未知。没有保护气候的措施，气温升高将不受控制，其后果超出许多国家可承受的适应能力范围。

太阳辐射管理——箭筒里的最后一支箭？

如果雄心勃勃的气候政治失败了，气候适应也已达到极限，人类是否只剩最后一个选择——地理工程学？本节将描述，该如何削弱太阳辐射管理（SRM），以避免全球变暖进一步加剧。

最早认真建议采用太阳辐射管理的是保罗·克鲁岑，他对于臭氧空洞的研究获得了诺贝尔化学奖。克鲁岑在2006年提议，将二氧化硫注入平流层，形成硫酸液滴云来散射阳光，从而朝预想的方向影响大气层的能量分配。这个方案的优点是，实现起来相对容易且成本低廉。只需几架喷射机就可以将所需的二氧化硫运送过去，或者同时使用普通的客机。如果出现未预料的负面影响，可以立刻停止行动，因为二氧化硫能通过雨水在几周时间内从大气层清除。不过，持续注入二氧化硫在大气中停留的时间有限，会造成酸雨。但更重要的是，太阳辐射管理是使全球平均气温保持稳定的最佳方案。云层构成的改变和水文周期等原因也许会使得区域性气候发生变化。太阳辐射管理代替减排措施可能还导致二氧化碳浓度的进一步增加以及海洋的酸化，由此也将进一步损害对于21世纪人类的粮食供给起着中心作用的海洋生态系统。

美国能源部前部长朱棣文建议，将屋顶和街道漆成白色，以便更好地反射太阳光。这个建议看上去可行，但是作用有限。其他的想法，诸如在宇宙中安装巨型的镜子，用以挡住辐射到地球上的太阳光，是一个很有趣的科幻选项，却不应成为未来十年内气候政治的投入方向。

对于太阳辐射管理实际操作的一些建议成本相对较低并且可以由各个国家单独行动，提供给全球社会。跨国合作初看之下完全没有必要。虽然《禁用改变环境技术公约》规定，不允许为了敌对目的使用改变环境的技术（例如曾发生过很多次的人工造雨），但是这个公约对于太阳辐射管理并不适用。对于太阳辐射管理的单边投入可能会对某些国家不利，由此遭到这些国家对相关措施的反对。缔结一个关于太阳辐射管理的国际协定也许会比控制气候变化的协定要容易，这样的希望很快就破灭了。不断发展的气候变化及其造成的损害可能会促使一个国家选择太阳辐射管理，而不考虑可能会对其他国家造成的负面影响。这样的发展可能会导致矛盾加剧，甚至引发战争。

总的来说：如果人们都投注于太阳辐射管理方案而放弃减排，将是严重的疏忽。可是，如果继续研究太阳辐射管理的可能性，使之至少成为防止雄心勃勃的气候政治失败的后招，不也是很有意义的吗？对此，仁者见仁，智者见智。有些人主张调查所有可能的方案，以求气候政治拥有最大限度的灵活性。另一些人则警示，作为"b计划"的太阳辐射管理势必将导致减排被搁置。太阳辐射管理将成为自我实现预言。只有快速找到有效的气候政策，才能缓解这种两难的局面，这也符合"b计划"的支持者们的利益。因为他们也承认，太阳辐射管理技术的投入带有巨大的风险。在未来十年内实行雄心勃勃的气候政治，这也是他们的目标，只有这样才能限制这种技术带来的风险。

综合上述原因，关于地理工程学的讨论必须是气候政治的核心任务，以求大气作为全人类的共同财产得以可持续地维持下去。为此还须全球共同讨论确定使用权、分配以及时限等问题。大气层这个寄存空间越有限，对于使用权的争夺就越激烈。人类对于如何公正有效地分配全球共同财产的经验还很缺乏。因此，气候政治具有特别的意义，它为许多领域的国际合作提供了表率作用。我们将在后续章节对此进一步描述。

第四章 ——————— 气候政治的政策
工具和机构

气候政治是全球性的挑战。可是谁能制止气候变化？人人有责，则会造成无人负责。我们应不应该少吃肉？政府应不应该资助开发可再生能源？德国应该继续前进还是等待下一次气候大会的召开？这些问题得到的大多是毫无成效、似是而非的答案。而只有在五个层面上都着手行动，气候政治才能够成功。

在国际层面上，必须达成全球性的气候协定。我们将在下文中说明，缺乏全球性的管理框架、国家内的气候政策，单独的努力将是一场空。《巴黎协定》至少确定了这样的全球性管理框架。

在欧洲层面上，是大量的目标和政策工具。最核心的当数改革排放贸易。欧盟成员国必须遵循各自的气候和能源政策。

在国家层面上，德国将争取淘汰煤炭。但是，如果这不能成为一个欧洲的政策，那么欧洲的温室气体排放依然不会减少。德国必须在不损害其他国家如澳大利亚、南非、土耳其等的情况下淘汰煤炭。

在地方（政府）层面上，大城市的市长们为了城市的可持续发展已经就气候问题达成联盟。地方政策至今仍是气候政治考虑不足的领域，尤其当涉及运输减排的问题时。

最后是个人（公民和民间社会）层面，包括抗议新的火力发电厂、支持抑或是反对关闭煤矿、少吃肉以及是否想用自己的储蓄资助建造火力发电厂。

本章将展现，上述的国际、欧洲、国家、地方和个人这五个层面是相互影响的，使气候措施得以强化或者受阻。如何在这五个层面上实行气候政治，使得措施最优化？笔者在本章中提出了这样的设想：

国家和市场的分工确定了以下管理框架：只有当国家和市场互相协调作用时，才能使个人的行为变化达到目标。很多个人层面上的措施虽然出于好意，减排效率却常常很低。为避免个人努力落空，需要有效益的气候政治。所谓有效益的气候政治，必须能够降低排放，并且在不浪费资金（即用最低的成本）的情况下达到既定目标。因此，经济效益还有一个道德内涵。在一个资源短缺、贫困充斥的世界，浪费是没有道理可言的，因为这意味着，气候保护必须与消除贫穷相结合。而笔者想着重展现的是，如何在不给收入最低的家庭造成超负荷压力的情况下实行气候政治，正如德国的能量过渡计划那样。能源效率、经济效益及分配合理性都需要各国政府为其确定一个框架。

道德倾向与经济激励：在环保运动中，诸如碳税、排放交易之类的经济政策工具受到质疑，因为这些政策工具首先会引发人类的利己主义趋势抬头，而团结和利他主义等倾向被压制。事实上也存在外在刺激压过了内在动机的案例。因此人们担心，那些必须为排放买单的人，很可能不会有自愿减排的决心。而行为研究的结果恰恰相反：如果人们有过通过自身行动而一无所获的经历，则他们自愿奉献的决心会减弱，因为他们的道德行为无人效仿。此外，给碳排放定价会导致低排放的消费行为比高排放的价格更低。这样一来，人们不再需要在对自身有利或是道德正确这二者之间做出选择。

技术进步的方向：我们在前文就已论证过，没有新的技术，雄心勃勃的气候政治无法完成挑战，尤其是在发展中国家和门槛国家存在经济发展的可能性的情况下。因此，经济政策工具的根本性作用在于，为技术进步提供一个新方向。改变技术进步的方向能够帮助经济增长与温室气体排放量的增长相分离。那些认为发达国家应该放弃经济增长的人依然可以支持这个选择。但是气候政治并不强迫他们这么做。由此，支持经济增长的人也会支持气候政治。如果以气候政治为主导，则无须再讨论经济增长是否值得向往这个问题，而应回答，人类想要如何生存。

本章将通过几条主线描述以上各个政治层面间互相协调、互相作用的关系。

二氧化碳排放的价格与其他政策工具

从19世纪至20世纪中期，劳动力尤其紧缺，由此导致实际工资不断提高。企业主只能通过提高劳动生产率来避免利润缩水。气候问题在21世纪造成了新的紧缺：作为二氧化碳寄存间的大气层的受纳能力有限。通过给二氧化碳排放定价，可以将这个问题转换为减少排放的经济刺激。提高排放价格是有必要的，以便企业和消费者能够注意到这个问题。提高排放价格还可以推动技术朝新的方向进步。原则上，所有的温室气体都应被定个价。但是，由于全球范围内被引入能源系统的主要是二氧化碳的价格系统，本书谈论的也仅限于二氧化碳价格。对于其他温室气体及土地利用变更产生的排放的定价问题不在本章节讨论范围。

征收碳价使得高排放的生产过程利润减少，从而被利于环境的技术取代，刺激企业和消费者寻找更便宜的避免排放方法。通过以下方式能够用最低的国民经济成本实现政策规定的碳预算：限制能源需求、建造风力发电厂、研发电动汽车、使用更好的筑堤材料等。没有人知道，什么方法的成本最低，因此各方都开始寻找成本最低的方法，这很重要。各国、各部门及各技术领域参与的力量越多，这个寻找过程的效率就越高。

这样就很容易理解，为何统一国际碳价是最优选择了。不同国家的碳价不一，会让每个国家都产生"搭便车"的想法，降低本国的碳价。如果所有国家都这么做，最终将导致碳价非常低。可是这完全不符合2摄氏度的目标值——尽管有些国家想要给二氧化碳定价。理想的情景是逐步达成一致，确定统一的碳价，因为这样才能推动我们在前文提到的技术投入。

对于一个明智的气候政治来说，光给二氧化碳定价还不够——还须采取其他措施，因为真实世界里市场并不能理想化地运作。因而为了应对进一步的市场失效，在碳价之外还必须有其他措施进行补充。重点是，这些措施能够补充碳价措施，却并不能取而代之。以下措施尤其值得一提：

增加研发投资：研发投资的市场还不充足，因为从新产品和方法中获利的不仅是那些投资的企业，还有整个经济体。如果投入过低，则必须由公共投资来补充私人研发的支出。必须增加对可再生能源、能效及储存技术等领域的公共研发支出。

推动新技术：新技术要投入市场使用（例如可再生能源），需要足够多受过培训的专业人才对之进行销售、安装以及维护。尽管在许多非洲国家，风力和太阳能发电的成本非常低，那些地方却没有推广可再生能源，原因就是专业人才太少了。为缓解这种人才紧缺的局面，增加对培训的投入很有必要。

补贴资金成本：投资者，尤其是在高风险项目中投资的投资者，在贷款时应给予降息补贴。由于安装风力和太阳能发电设备的资金成本非常高，这些项目很快变得无利可图。对此可以考虑贷款补贴或者直接补贴资金成本等手段。

　　提供信息：为什么房屋堤坝建造过少？为什么不再购买省油的汽车？为什么电动汽车停留在起步的阶段？这些东西本该值得现在购置却没有实现，因为消费者们对于其优点认识不够或者完全一无所知，只因没有掌握必要的信息抑或是没有能力合理地规划自己的支出。单单给二氧化碳定价是不能解决这些问题的。因此引进对于汽车或建筑物的效益标准、给购买电动汽车者提供奖金、给消费者无偿提供信息并指导他们用更低的花费降低能耗，这些都可以作为补充措施。

我们为什么需要全球性的气候政治？

　　为什么需要国际气候协定？我们在前文中描述了，必须限制对大气层这个寄存空间的使用。大气层是全人类的共同财产，因此需要全球共同协商决定，如何可持续地使用这个寄存空间。由于目前不存在一个可以通过武力垄断颁布并实施法律的世界政府，协商只能通过自愿进行。但是，这种自愿协商的问题在于，每个国家都想通过其他国家的减排获利，自己却不做贡献。这种所谓的"搭便车"行为必须禁止——这也是全球气候协议的核心任务。只有这样，全球气候协议，如《巴黎协定》，将来才能有效且稳定地约束这种"搭便车"行为。而人类目前还没有达成可喜的全球气候协议。

因此，人们一直尝试着在没有全球气候协议的情况下解决气候问题。如果人类不费力寻求全球气候协议，就会出现三个方案只能解决一个问题的情况。接下来我们将描述和论证，为什么方案众多却不能代替世界性的气候政治，尽管寻求有效的全球气候协议的道路漫长而又成本巨大。对此没有捷径可走。

技术进步的希望

如果煤、石油和天然气的替代能源突然间变得很便宜，便宜到没理由再继续使用化石能源，那就不需要什么全球气候协议了。个人拥有的煤、石油和天然气等财产虽然会由此贬值，但对于整个国民经济体来说却是增值的，因为可以使用成本更低廉的技术。由此出现了一个完全不同的政治方案：必须尽快推动可再生能源的技术进步。气候保护不再是国际协商，而是一个快速的破坏性创新和扩散过程的结果。德国的能量过渡计划在这方面起着表率作用，可供其他国家效仿。对可再生能源技术的资助能够加速技术学习的效果，因而成为气候政治的核心政策工具。如果不再出现气候问题，能源系统的改革也是值得的：一个以可再生能源为主的能源系统，从长远来看要比化石能源系统价格更低。这样一来，大气层不再需要充当寄存间，人类也不需要为此达成全球气候协议了。

　　这个气候政治方案乍看之下大有可为。这里有什么误解呢？答案很简单：它忽略了化石能源的供应。我们在第三章提到过，如果要将全球平均气温升高幅度控制在2摄氏度，大气层最高只能接受800亿吨二氧化碳当量。然而耕地里还储存着大约15000亿吨二氧化碳当量的化石能源。倘若诸如核能或可再生能源这样的零排放技术能够得到资助，它们的市场份额就能提高，对化石能源的需求就会减少。不过，因为需求减少，化石能源价格随之降低，造成消耗的能源总量增加，所以也部分弥补了化石能源的倒退情况，尤其是在那些没有明确气候目标的国家。也就是说，零排放能源的增加并不是一对一地伴随着化石能源的倒退。通过增加对零排放技术的资助来应对，从原则上来说是可行的。但是，化石能源的供应量越大、零排放能源的成本下降得越缓慢，这种选择的成本就越高。越来越便宜的化石能源阻碍了可再生能源的快速扩散，而价格较低的化石能源与价格较低的可再生能源之间的赛跑会加剧能耗的提高并产生排放。因此，推动零排放技术的进步虽然有助益，但肯定不能取代世界性的气候政治。

撤资与全球公民社会

　　《巴黎协定》在其准备阶段遭到了来自全球公民社会对其

成功前景的诸多质疑。为此，2014年数千人为了雄心勃勃的气候保护政策而走上纽约街头游行。教皇弗朗西斯科2015年发布通谕《赞美你》(Laudato si')支持该行动。而民间社会不只会游行示威，还实行了所谓的撤资策略，英国《卫报》等对此表示支持。美国以斯坦福大学为首的一些精英大学以及挪威政府养老基金已经宣布调整股票投资组合结构。德国安联保险集团出售股票给那些营业额超过30%的由煤炭构成的公司。

什么是撤资行动？大学、养老基金、小股东以及保险公司不再给那些开发、支持化石能源或者使用化石燃料发电的公司投资。即便撤资行动迄今只促成了一个象征性的政策，也已给化石能源经济造成了巨大的名誉损失。撤资行动还没有取得决定性的胜利。如果有足够多的投资者参与进来，是否可以由此推动世界经济的脱碳？初步看来这个途径是很有希望的：研究显示，1850年至2010年间全球碳排放的2/3要归咎于90个企业，其中包括雪佛龙、埃克森美孚、沙特阿美、英国石油公司、俄罗斯天然气工业股份公司以及壳牌公司。如果化石燃料企业的股票被出售，将导致这些企业的商誉下降，从而使得它们以后更难筹措资金，成为它们与那些低排放能源企业竞争的一个劣势。为了实现上述目标，还必须说服投资者愿意接受更低的投资回报。为此，必须阻止某些投资者收购那些商誉下降的化石燃料企业并继续通过化石能源获利。然而，投资者之间的合作真的会比两个国家间的合作更容易解除吗？对于这个猜测还没有令人信服的证据。投资者同样也可能会有强烈的动机，宣布合作解除以提高自身利润，然后将这些利润以红利的形式分发给小股东。这样一来，某些投资者的"搭便车"行为获得了好处，小股东很可能会因为回报提高而高兴。所以，撤资行动靠的是自主自愿，跟国家间的合作一样，"搭便车"行为同样也会对这个行动中的合作构成威胁。撤资造成的减排成效不大，不能取代全球气候协议。

道德软实力

经济谈论的就是金钱刺激，"道德"资源不能作为建议，这种想法让很多人反感。事实上，社会规范的形成有利于气候问题的解决。例如，开大型越野汽车会遭到社会批判。德国禁烟的例子也说明，社会规范是一个有力的工具。它首先能对购买行为和选择行为造成影响。但是，道德呼吁必须经过测试，是否真的可以实现前文描述过的改革进程。因为规范的形成有三个主要困难。第一，这是一个长期的有机的过程。政治影响或社会规范的要求会被视作从上而下对自由权的侵害。此外它势必还将逐渐侵害到其他许多权利，这会导致环境部门压力过大，使其必须根据公众意见禁止或允许技术的使用。第二，这样的禁令会打击创新的积极性，而创新恰恰是我们迫切需要做的。第三，有许多证据表明，社会和道德规范很多时候也受到个人利益驱动，由此还不足以用于解决气候问题这样的全球事件。

解决方法是什么?

世界经济需要碳价，以此体现大气层这个有限的寄存空间的紧张状态。碳价使得煤、石油和天然气的价格上涨，从而导致化石能源部门的自发撤资。目前已经有科学家、政治家和中央银行的银行家指出存在"碳泡沫"。它指的是，雄心勃勃的气候政治将使得化石股本，即发电厂、房屋、煤矿以及石油和天然气岩层等贬值。问题在于，"碳泡沫"的破灭对单个公司的波及有多大，是否会由此使全球资本市场的稳定产生风险?碳价升高，则化石股本贬值。如果国际气候政治组织宣布提高碳价并长期对此负责，也就无须担心全球金融和资本市场会因此不稳定。市场力、网络以及投资创新的风险都说明，仅仅有碳价机制是不够的。还需要通过资助研发、补贴资金成本以及提供有关环境有益技术的信息等方式进行补充。

我们相信：技术进步、改革资本市场、批判性的消费和投资行为以及道德呼吁都是碳价机制很好的补充，却也不能替代该机制。问题在于，如何确定一个全世界通用的碳价机制。没有一个国际公约，对于碳价机制的倡议将会落空。因此，制定这样一个公约是全球气候政治发展的必要条件。

国际公约的悖论

如果每个国家都有意向不参与公约或者破坏公约，则国际公约很不牢固。事实上，所有国家都有其利益，对环保投入的多少要根据本国利益而定。只要其中有利可图，比如要减少区域性的空气污染，即使没有全球气候协议，一些国家也会做出减排行动。但是，依然还有一些国家缺乏参与全球气候协议的积极性。因此，如果所有国家能够一起减排，通力合作，也许是更好的办法。可是，只要有一个国家退出合作，却从其他国家的环保行动中获利并由此节省了本国减排的成本，其他国家也会竞相效仿，最终导致合作破裂：国家的"精明"导致了全球的愚蠢行为。

博弈论中将此称作社会悖论，因为个人理性与社会理性是对立的。参与环保的国家越多，合作产生的收益就越大。但是合作产生的收益越大，不参与气候协定的诱因也越大。这个社会悖论随着博弈人数的增加而加剧，因为合作的潜在收益也会随之增加。

由此可得出国际公约的悖论：国际公约越是必不可少，达成的可能性就越小；而国际公约越可有可无，则达成的可能性就越大。这样我们就可以理解，关于减少氯氟烃（CFC）的排放保护臭氧层的《蒙特利尔议定书》为何能够成功缔结了。那时已经找到了氯氟烃的替代品，解决臭氧问题的成本很低，并且很多国家尤其是发达国家可以从中受益。他们兴致高昂，甚至设立了一个多边信托基金，援助发展中国家淘汰氯氟烃。《蒙特利尔议定书》是迄今为止最成功的国际环境公约。也许是由于成本低，"搭便车"的诱惑也很小。只要出现这种行为，就可以通过多边信托基金和国际制裁加以平衡。而气候问题的合作收益很高，因而对于各个国家来说"搭便车"的诱惑也很大。

组建一个大型的"意愿联盟"是走出这个悖论的一个途径。它能改变单个国家的成本和效益，使得"搭便车"的诱惑得到控制。除了保护气候之外，这个联盟还能带给成员国其他好处，例如获得价格低廉的新技术。联盟还可以向那些不参与气候保护的国家罚关税。此外，经济发达国家还可以通过社会福利在气候保护问题上接济经济欠发达的国家。

我们坚信：自愿的国际合作是不牢固的，往往伴随破裂的风险。而如果在保护气候的同时，联盟能为成员国提供其他好处或者施以制裁，国际合作就能变得更加牢固。这个简单的分析过程足以帮助我们更好地理解全球气候谈判的历史。

国际气候谈判

1992年在联合国环境与发展大会上签署的《联合国气候变化框架公约》（UNFCCC）是国际气候政治的核心。197个缔约方的目标是，阻止危险性的气候变化。通过每年召开的峰会，即缔约方大会，推进框架公约的继续发展。

1997年签署、2005年生效的《京都议定书》只规定了"附件一"中国家（即发达国家）的减排义务。他们承诺在2008年至2012年期内温室气体排放总量比1990年水平减少5.2%。《京都议定书》的出发点是，气候变化主要是发达国家造成的，因此他们必须首先承担减排责任，发展中国家和门槛国家随后。2011年，《京都议定书》的核准国只需承担全球13%的温室气体减排任务。原因在于，美国作为温室气体排放大国却并未核准《京都议定书》，再者，过去几十年排放到大气中的温室气体绝大部分来自中国和其他门槛国家。

为保障气候保护有更高的成本效益，《京都议定书》还制定了三个减排的灵活机制。《京都议定书》框架下具有减排义务的国家可以进行排放贸易。排放贸易可以在"附件一"中的国家间进行，价格根据供需作用关系决定。但是，如果价格信号失灵，政府间的排放贸易必须停止。

除了国际排放贸易机制之外，还有两个机制可以降低气候政治的成本。即允许"附件一"中的国家将其减排任务转交给那些《京都议定书》框架下没有减排义务的国家。这个方法特别令人感兴趣，因为它能使这些国家的减排成本降低。在清洁发展机制（CDM）下，发达国家可以通过给发展中国家和门槛国家提供资金和技术，减少排放量。例如，投资可再生能源。如果发达国家想把排放权转让给其他在《京都议定书》中没有减排义务的发达国家，则适用联合履行（JI）机制。

观察员们对灵活机制的评价不一。支持者认为，清洁发展机制至少有助于发展中国家的"能力建设"并使得它们逐步接触减排这个主题。批评者则强调，清洁发展机制并没有推动技术向发展中国家转让。清洁发展机制支持的大多是本来就会得到资助的项目，并没有实现减排。

总的来说，《京都议定书》没有成功做到减少全球的温室气体排放、对各国公平分配排放权、通过全球排放贸易市场的价格对公司的投资决定产生影响。由于生效时间短、给"附件一"国家规定的减排任务相对较轻、未规定非"附件一"国家的减排义务，《京都议定书》最多只能被视作全球气候政治迈出的第一步。

2009年召开的哥本哈根气候大会主要目的是商讨《京都议定书》的后续方案。欧洲代表团尤其希望能达成有效限制气候变化的新协议，并规定所有重要排放国家的减排义务。《京都议定书》中所谓"自上而下"方法——确定减排目标并将其分配给各成员国，还应继续实施。但是他们的希望落空了，不仅是美国，中国和许多发展中国家也不赞同。气候谈判代表很清楚，要制定对所有国家都具约束力、对全球及各国减排目标有长远规划并确定可允许排放量的公约，政治上是无法实现的，将来可能也实现不了。

2015年签署的《巴黎协定》取消了对发达国家和发展中国家的区分。避免发生危险性的气候变化成为所有国家的共同任务。但是，这个协定也没有明确最终的任务分配。《巴黎协定》以三大支柱为基础：设定长期目标、提交国家自主贡献预案、商议多边气候政策。

支柱一：中心是雄心勃勃的长期目标，将全球平均气温较工业化前水平升高控制在2摄氏度之内，并为把升温控制在1.5摄氏度之内努力。

支柱二：不同于《京都议定书》，《巴黎协定》要求所有签约国都要提交国家自主贡献预案。这些预案不是将2摄氏度目标值允许的全球碳预算统一分配到各个国家。相反，每个国家可以确定各自的目标和措施。在签署《巴黎协定》之前，各国已经提交了初步预案。未来几年再逐步提高各国气候保护计划的力度。目前提出的国家自主贡献预案还远远不足以实现2摄氏度的目标，尽管预测说，2030年之后温室气体排放将持续下降。对国家自主贡献预案透明的汇报和定期检查，有利于建立国家间的互信，保障为实现全球气候目标而开展的长期合作。但是，如果这个全球目标没有实现，责任该由谁承担，对此还未明确说明。假如有的国家提交的自主贡献目标较小或者未能实现承诺，唯一的制裁机制仅仅是非正式的"公开谴责"，正式的制裁在巴黎没通过。

支柱三：在巴黎商议出一系列可用于平衡全球负担的多边

气候政策。其中最重要的是每年至少1000亿美元的气候变化经费以及允许国际排放贸易等降低减排成本的灵活机制。这些工具的具体安排在很大程度上还待定，利用这个待定的活动空间可以推动《巴黎协定》的成功。应对气候变化的专项经费还有待确定。公共资金中的气候变化经费数额至今还不明确：未来几年可用的只有绿色气候基金（GCF）承诺的100亿美元，其中68亿美元目前已交付使用。另外还存在这样的风险，发达国家通过特殊记账方式使它们的气候变化专项经费显得比实际高得多：将现有的发展援助义务改换标记或者把本该另设的私人投资也算入国际气候经费。

2015年在巴黎协商的另一国际转移机制，是关于森林保护——所谓REDD+机制（减少来自伐林和林地退化的碳排放）。它给国家提供补贴，以减少砍伐森林。这些补贴能直接造福于国家政府、地方政府和土著社区。REDD+计划遭到的批评是，尽管由此能暂时推动个别项目的进展，但项目到期后森林最终还是会被砍伐。此外，从转移机制中获利的首先是土地所有人，因为森林保护的加强会导致农业用地价格上涨，这点迄今还未引起重视。由于土地财产在很多地区分配不均，耕地价格的上涨将进一步加剧经济不平等，从而使得小农更贫穷。只有REDD+机制的接受者能够同时同意提高地租，才能阻止发生上述效应。

《巴黎协定》虽然取得了外交上的成功，它能否促成气候政治上的突破，还未知。如果已提交的国家自主贡献预案到2030年保持不变，那就必须加强减排及负排放，才能实现2摄氏度的目标值。相对来讲，要实现1.5摄氏度的目标值，要求也更高。原则上说，这在技术上是可以实现的。减排带来的经济成本以及社会与政治挑战却让人怀疑，未来的政府和社会能否承受这份重担。

目前还不能保证所有政府都如实地按照国家自主贡献预案实施该国的能源政策。和以前一样，他们往往还是注重建造火力发电厂用于供电。煤炭的储备充足，并且在可预见的时间之内，其依然是许多地区最便宜的能源形式，尽管气候政治做出了许多努力并降低了可再生能源的成本。因此，在能源政策规划中，煤炭扮演着重要的角色。单单2015年全球已存的与计划建造的火力发电厂若继续工作，就将消耗一半2摄氏度碳预算。很多国家的自主贡献预案显然并没有与本国的能源政策规划协调一致，已经没有多少时间留给政府修订火力发电厂的扩建计划了。

除了坚定地实行国家自主贡献预案和国家的能源政策之外，推动未来对各国计划的对比和审查也是成功实现国际合作的重要条件。只有相信其他国家也会做出同样的努力之后，各国才会推行雄心勃勃的气候政治。而目前各国提交的国家自主贡献预案互相几乎没有可比较性。例如，中国和印度都承诺将减少单位GDP的碳排放强度。可是，它们在全球减排中的贡献值却是仅凭对未来本国经济与排放增长的不确定且有争议的预估而决定的。因此，中国和印度实际将为实现全球减排目标做出多大的贡献，还不得而知。但最重要的是，2030年之后各国的气候政策必须趋于一致，例如制定国际统一的碳价。具体如何操作，国际谈判还有漫长的路要走。

继巴黎之后：对实行国际气候政治的建议

2015年12月在巴黎召开的第21届联合国气候变化大会描绘出了全球建筑的平面图，但其静力至今仍存问题。尽管确定了2摄氏度目标并提出了1.5摄氏度的长远目标，也在气候资金和森林保护方面取得了一定进展，但全球合作的条件还要到2018年之后才能商谈。如果有些国家发现本国的努力没有得到其他国家在气候政治方面对等的回应，将会导致减排水平的螺旋式下降。

只有各国间相互承诺，才能阻止这种螺旋式下降。假如有一个国家宣布解约，那么其他国家也同样会废除承诺，合作由此破裂。国家间相互承诺的关键是，能够比较各合作方的贡献值。这个可比性可以通过确定各国的碳价来达到。首先，碳价易于比较，因为它最直观地展现了气候政治的实现水平与各国的减排成本。其次，通过制定碳价，碳排放的成本提高了，排放者必须为其污染行为买单。诸如煤炭生产等高排放的生产方式的成本由此变高，并且由于持续上涨的价格而长期无利可图。由此可以有效地应对碳的复兴，因为风能、太阳能等可再生能源变得更富竞争力。最后，碳价的提高或者碳排放许可证的拍卖可为相关国家获得额外收入。除却气候政治的考虑，这对于财政部部长也极具吸引力。这笔额外收入可用于减少其他不当的税收、减少国家债务、补贴更贫穷的民众或者投入公共基础设施建设。全球目前的排放总量为49亿吨二氧化碳当量，如果每吨碳的价格为50美元，则每年共计约2.5万亿美元，相当于全球GDP的3%。

相反，每年全球用于净水、卫生设备和供电的成本总共约1万亿美元。此外，减少化石能源的补贴也是很重要的一笔支出。全球每年约有5000万美元的财政支出用作补贴，大多给那些石油储备丰富的国家用以维持稳定的低价。假设仅仅是给化石能源的补贴，就能让使用这些能源的价格降低。与实际造成其使用的总成本相比，则补贴的额度甚至会增加10个系数，因为煤造成的空气污染会大大缩短人的寿命并提高健康成本。所以，煤炭的使用对社会造成的成本完全不像它的市场价格那样低。如果把这部分成本也计算在内，那么每吨碳的平均补贴为150美元。因此，关于碳价的谈判还须同时减少直接或间接的碳补贴。

关于碳价的谈判

如何实现各国对上涨中的碳价进行谈判?《巴黎协定》中提到并鼓励这种谈判(第6条)。除了诸如联合国等确定的《联合国气候变化框架公约》,每个国家都可以自行承诺,本国的碳价主要用作税收还是碳排放交易体系中的最低价格。国家的碳价可以表述为这样的条件句:只有其他国家也提高碳价,各国才会实行高碳价。这样的策略免去了对于因碳价而产生的竞争劣势的担忧。此外还产生了一个经济制裁机制,通过降低本国碳价来应对其他地区碳价下调的情况。为实现2摄氏度目标值,有必要定期将通过已实现以及预期实现的减排与长期目标的减排要求进行比较,对碳价做相应调整。这个策略首先要针对的是那些碳排放大国。一些国家公布的二氧化碳价格走向也可以纳入《联合国气候变化框架公约》内的国家自主贡献预案中。其他国家则可逐步地加入这样的二氧化碳价格联盟。

将最低碳价用作税收或是碳排放交易体系的形式,由国家决定。在现存的(欧洲)和新兴的(中国)碳排放交易体系中,可以确定一个不断上涨的最低碳价,以履行可靠的国际承诺。加利福尼亚的碳排放交易体系已经开始将这样的最低碳价通过储备价格进行许可证拍卖。通过这样的改革,欧洲碳排放交易体系(EU-ETS)长年偏低的许可证价格可以且必须上调。由此,欧洲碳排放交易体系中活跃着的无效运作,即利用目前低廉的碳排放许可证价格建造耐用的高排放基础设施的情况能够得到整改。

战略性气候融资

由于世界各国之间的巨大差异，全球范围内协调和提高碳价的前提是平衡贫穷国家和富有国家的负担。只有在较贫穷国家接受碳排放最低价格的条件下，才能够进行转移支付。可以考虑建立一个按国家类别区分的、不断上涨的、中期内稳定的最低价格体系。

诸如绿色气候基金（GCF）这种国际财政资源的转移支付额度必须和国家气候政治组织的力度相联系。一个碳价水平相对较高的国家也应得到补贴，用于其较高的减排成本，由此可激励该国通过国家自主贡献预案确定雄心勃勃的气候政治。有条件的转移支付可以部分地解决自主贡献承诺的激励问题，因为降低减排力度将会导致丧失国际财政资源支持。那些给国际基金拨款的国家也能从气候融资中获益，转移支付的条件使得受援国加大减排力度，由此实现更多的全球气候保护目标。每个国家都能从有条件的转移支付中获益，因为它使人更确信，其他国家也会加大气候保护的力度，并且每个国家的贡献都是气候政治机构协调体系的一部分。由此，各国也不再有"搭便车"行为。

但是，只有当发展中国家具备实行碳税的能力和专长时，有条件的转移支付体系才有机会。可将已承诺的1000亿美元中的一部分首先用于培养这种能力。对于碳税回归效应的担忧，可以通过发展社会可承受的、国家特有的税收模式来减轻。绿色气候基金可以给较贫穷的人群在引进碳价时提供资金补贴、减轻税收，以避免回归效应、提高社会接受度。

重要的是，未来几年能够实现这种战略性的气候融资。目前，绿色气候基金的目标是资助单个项目。从世界经济转型支持下的自定目标角度来看，基于项目资金的绿色气候基金能做的还很有限。相对来说，通过气候融资支持并增长的国家碳价能够对脱碳产生结构性的激励，碳价提高到一定程度时还会减少对煤炭的使用。

欧盟的气候政治

欧盟计划在2030年之前将碳排放量减少到比1990年少40%，将可再生能源的比例提高到27%，能效提高27%。前两个目标是有法律约束力的，能效目标却只是指示性的。此外，欧盟计划在2050年之前将碳排放量减少80%（与1990年相比）。这是一个政治目标，但不是一个具有法律约束力的承诺。

为实现这些目标，欧盟委员会实行了一系列政策工具，展示了欧盟对于其成员国的气候和能源政策施加的影响：欧洲碳排放交易体系、有效运作的能源市场、提高能源安全的手段、对可再生能源与能效的推动以及欧洲电力市场一体化。其中，碳排放交易是欧洲气候政策的核心工具。它包括三个组成部分：第一，设置排放量的上限。第二，在上限范围内分配排放许可权。有些企业可免费获得政府分配的排放许可权，有些则必须通过拍卖竞得。第三，这些排放许可权可以进行贸易。减排成本低的企业可以将排放许可权出售给那些减排成本高的企业。许可证贸易使得碳排放的成本降到最低。各排放主体间的排放成本差异越大，通过碳排放交易节约的成本就越高。

有效的碳排放交易应尽可能涵盖所有经济部门，排放许可应进行拍卖，市场参与者必须信任不断下降的排放最高限额的长期约束力。欧洲碳排放交易也应与成员国的气候政治以及其他能源政策工具协调一致。欧洲碳排放交易改革将朝着这个方向展开讨论。

欧洲碳排放交易的部门扩展

涵盖的部门越多，碳排放交易的效力就越大，由此能够将减排的成本降至最低。欧洲碳排放交易包括电力部门、部分工业部门以及欧盟范围内所有飞机的碳排放。运输部门和供暖部门不在欧洲碳排放交易体系内。将欧洲外的飞机运输也纳入该体系的决定因中国和美国的强烈抗议推迟到了2017年。

运输部门至今还没有确定碳排放上限。相反，汽车和卡车适用欧盟提出的全球最严格的汽车碳排放标准，这使得每行驶一公里所产生的碳排放降低。然而，运输部门的总排放量不受其影响。这个手段没能促使人们减少开车或者乘坐其他交通工具的次数，对于内燃机的投资推动也很有限。因此，汽车碳排放标准存在着使碳排放不减反增且创新动力降低的风险。所以，将运输部门纳入碳排放交易体系中，以确定完整的碳排放上限并为减排创造直接动力，意义重大。如果无法达到这样的一体化，则必须考虑提高燃油税或能效标准。

拍卖或免费分配

欧洲碳排放交易体系分配合理性得以保障的前提是，不将排放许可权进行免费分配，而是拍卖。免费获得排放许可权分配的国家将剩余的排放许可权放到排放市场上出售，可轻松获取利润，增加企业财富。而拍卖则不同，这些企业必须先为其初始设备付钱，拍卖收入可减轻纳税人负担。接近一半的排放许可权划分给电力部门拍卖，另一半由其他经济部门瓜分。可以设想，这些部门的国际碳排放许可权贸易市场竞争非常激烈，例如制铝或化工部门。由此可以阻止这些工业的外流。拍卖收入可按比例作为排放量归还给成员国。

价格暴跌的原因——交易者对欧盟气候政治可信度的怀疑

随着2008年金融危机的爆发，企业生产的排放减少，因而出售它们不需要的排放许可权。这使得碳排放许可权的价格跌至谷底，从而导致欧洲碳排放交易体系的巨大起伏。不仅是当前交易的许可权价格（现货市场），未来某个时期内才交易的许可权价格（期货市场）也下降了。由此可见，金融市场参与者对国家长期许可权供应的期待对碳排放许可权的价格有着决定性影响。短期内可用的碳排放许可权过量，而市场参与者对欧洲长期的雄心勃勃的气候政治只有很低的信任度，因此许可权价格很低并且没有发挥对能源政策的调控作用。当然，交易者也不希望将来的碳排放交易市场出现短缺。但是这与目前尚待统一的、2030年后下调碳排放上限的气候政治目标是矛盾的。结论是：欧洲碳排放许可权价格的下降，不仅是因为技术进步降低了减排成本，还因为交易者的期待长期得不到满足。德国可再生能源的大力推动、清洁发展机制运行许可的引进，这些虽然都起到了降低价格的作用，但是经验调查显示，从数量上看这些措施的收效甚微。只有10%的价格下降是由《可再生能源法》、引进清洁发展机制运行许可之类的国家措施以及经济衰退造成的。剩下90%都要归因于投资者对欧洲气候政治的信任度下降。不管是从市场持续获得利润的政治承诺，还是关于2030年后气候政治的决议，对于市场参与者来说都不足以信任。

　　尽管通过所谓"市场稳定储备机制"使得交易者至少短期内从市场上获利，但对价格的影响依然不大。交易者早已明确表示，未来将再次把碳排放许可权放入市场交易。这样一来，长期的供应不会出现短缺，当前的价格依然维持低水平。但是，由于对长期、有效的欧盟气候政治缺乏信任，对于以更低成本实现2030年前减排目标起着决定性作用的投资目前还没到位。欧洲的碳排放交易成为交易者做政治决策的赌场——它早已失去了最高效的减排技术市场这个角色。因此，通过适当的政策和措施，稳定投资者对未来的期待，是非常有必要的。

欧洲碳排放交易与国家气候政治

　　欧盟碳排放交易体系还有另一个结构性弊端：它对其成员国的国家利益顾及太少。欧盟国家在气候保护方面的优先权不同，对国家多种能源的设想也各异。如果一个国家想要比欧盟战略计划更大的减排力度，对于欧盟碳排放交易体系来说，这份额外的努力是徒劳的。之所以国家额外的努力到头来对于欧盟碳排放交易体系却是徒劳的，是因为碳排放许可权数量总体没有改变，只是被转移到了其他国家。将未使用的碳排放许可权释放出来，增加了供应，降低了许可权价格，使得对于原本无利可图的设备的投资重新具有吸引力。尽管通过雄心勃勃的气候政治，有些国家可以决定到市场上购买并保留碳排放许可权，由此使得价格提高，但其他国家在政治上完全不允许这种行为。从长远来看，多边减排将会大大损害欧盟国家间的合作。一个忽略成员国国家内部能源政策的欧洲政治工具，是注定会失败的。

对此，碳排放最低限价的引入是有帮助的，因为在这个前提下，各国的额外减排努力能够得到一定程度的回报。比如，欧盟碳排放最低限价可以相对地推动德国退出煤炭市场，却不会使这个额外努力完全徒劳。将碳排放许可权价格确定在最低限价，则德国的额外减排努力不会导致欧盟碳排放许可权价格的进一步下降，因此也不会在其他国家产生相应的碳排放。德国退出煤炭市场达到了实实在在的减排。即便这很可能会导致德国需要进口电，也无须担心电供应会过度依赖其他国家。长久以来，德国生产的电就多于消耗的数量，2015年电生产总量中有6%用于出口。如果实行上文描述的政策，德国将根据其用电需求按比例进口。

但是，只有更贫穷的国家从更富裕的国家获得支援，欧盟各成员国才能就最低限价达成一致。以波兰为例，更高的最低限价意味着更大的减排力度以及由于减少采煤行业和能源密集型产业的工作岗位产生的成本。只有得到相应的经济支援，这些条件才能被接受。这样的支援可以通过额外分配碳排放许可权来实现。

欧洲气候和能源政治的其他手段

碳排放交易只是欧洲气候和能源政治的一个手段。向低排放经济形式的过渡要求将各个能源政治领域融合成一套协调的措施。直到2009年，欧盟才有了自己的能源政策，《里斯本条约》第194条确定了有效的能源市场、能源安全、促进可再生能源与能效，以及欧洲电力市场的一体化。欧盟委员会计划通过一系列的措施提高能效，以减少能源进口并提高能源安全：生态设计指令、房屋整建以及国家的采购政策也包含在内。欧洲统一的电力市场应该能在短期内降低可再生能源的波动产生的成本。其目标是，在欧盟内促进能效和可再生能源的发展以及碳捕集与封存。然而，迄今为止，欧盟所有碳捕集与封存项目都因政策障碍而以失败告终。2009年出台的《欧盟可再生能源指令》规定，在2020年之前，欧盟的电力生产部门可再生能源的比例应达到20%。同时还确定了每个成员国开发可再生能源的约束性目标，成员国有义务向欧盟委员会提交自己国家的计划。但是，各成员国的能源政策并没有配合欧盟的目标。德国能量过渡计划的案例表明，这些手段能取得意想不到的效果。接下来我们将对此做具体阐述。

德国能量过渡计划与气候保护

　　德国能量过渡计划与环保运动密切相关：退出核能、促进新能源可保障可持续的能源供应。它的起源要追溯到1983年，绿党进入德国联邦议会。1986年发生在切尔诺贝利的核泄漏事故使得取消核能作为廉价安全的供电来源的想法深入广大社会。2000年，德国红绿联盟政府做出了"退出核能部门"的决定。虽然这个决定在2010年被黑黄联盟政府撤回了，但是2011年日本福岛（Fukushima）核泄漏事故发生后，该政府连夜做出决议，德国将在2022年之前退出核能部门。在德国，支持"退出核能部门"的呼声很高，并且在联邦议会中至今还没有哪个党派会改变这个共识。

　　20世纪90年代以来，德国几乎历届联邦政府都确立了这样的能源和气候政治目标：推广可再生能源、减少温室气体排放、提高能效等。这些实际目标被写入《能源方案》（2010年）与联邦内阁的一项决议（2011年）中；德国《可再生能源法》中也设立了目标。德国内阁2016年底以《巴黎协定》的精神制订的《2050年气候保护规划》确定了最新也是最详细的一系列目标，其最核心的部分如表2所示。

表2 《2050年气候保护规划》的目标

	2020年	2030年	2040年	2050年
温室气体排放 （与1990年相比）	−40%	−55%	−70%	−80%至−95%
可再生能源（在能源消 耗总量中的比例）	18%	30%	45%	60%
可再生能源（发电比例）	35%	*	*	至少80%
初级能源消耗 （与2008年相比）	−20%	△	△	−50%

　　*电力行业可再生能源的中期目标不是按2020年和2030年，而是按2025年和2035年起草的。
　　△无数据。
　　来源：德国联邦环境、自然保育及核能安全部（BMUB）(2016)。

　　《2050年气候保护规划》也设定了每个行业部门的具体目标：住房部门（主要是供暖）的碳排放到2030年应减少约66%，能源部门（主要是发电厂）减少61%，工业部门减少50%，交通部门（主要是家用汽车和载重汽车）减少41%。每个部门各自都有严格的目标，因为有些部门的减排更容易实现，例如住房部门通过改善房屋隔离就可以减排，比交通部门容易许多。电力部门的低排放对其他部门起着关键作用，因为这意味着用电代替化石燃料——如电暖气和电动汽车。遗憾的是，恰恰是在电力部门近年来重新增加了煤炭的使用。

煤炭的回归

电力市场的运行方式能够说明,为何更多煤炭重新用于发电。和其他市场一样,电力市场的价格也是供需关系决定的。一旦高额的初始投资成本到位,核电站就是传统意义上成本最低的发电厂,褐煤和无烟煤电站紧随其后。成本最高的是燃气发电厂。所谓"最优次序法"决定了不同发电类型的使用顺序。需求低,那么使用成本低的发电厂发电;需求高,则要用上成本较高的发电厂(如燃气发电厂)。过去几十年间,用于发电的煤炭减少、燃气增加;2010年起,这个趋势出现了逆转。2009年至2016年,德国17家火力发电厂投入生产,总功率约为10千兆瓦特。

由此可以解释,为何"最优次序法"发生了利于煤炭的变化:煤、天然气和二氧化碳价格决定了不断变化的煤炭发电成本和燃气发电成本的比率。尽管天然气价格与煤炭价格的比率在一年内波动很大,但2010年到2015年间占优势的是煤炭价格。煤炭价格比天然气价格低,这是近年来火力发电成本低于燃气发电成本的重要原因。同时,二氧化碳的价格从16欧元/吨降至6欧元/吨,下降了约60%。它使得高排放的褐煤发电厂的成本减少了将近一半,因为与燃气发电相比,火力发电受碳价影响更大。煤炭和天然气的价格由国际市场决定,政策的影响力不大。在某些年份这个价格关系有利于煤炭在电力部门的使用,而其他年份这个趋势也可能会发生短暂的变化。政治上只能得出这样的结论，即要降低碳排放，必须确定碳价：政治能对碳价产生间接的影响——毕竟它创造了市场。因此，在长远的可信的欧洲气候政治框架内确定一个足够高的碳价，可以避免煤炭的回归。

德国煤炭的回归使得德国"退出煤炭市场"的呼声越来越高。与退出核能部门相似，人们展开了有序退出煤炭市场的讨论。在政治上却有许多争议：首先，有人担心，德国退出煤炭市场会毁掉许多工作岗位，像在卢萨蒂亚一样。其次，总是有人质疑，德国单方面退出煤炭市场究竟是否有意义。

因为德国单方面退出煤炭市场后，如果把其碳排放许可权投放到欧洲碳排放交易市场，将进一步增加碳排放的供应，从而导致许可权价格持续下降。为了避免这个效应的发生，《2050年气候保护规划》的最初版本中包含了对欧洲碳排放交易市场的最低限价要求。后来这个要求被删掉了，关于退出煤炭市场的具体说明也被画去。由此，德国联邦政府将这个能量过渡计划的核心内容推迟到下一个会议期。

资助可再生能源

自2000年以来，德国的可再生能源发电得到迅速发展。但仅凭市场力量也是不够的，即便有较高的碳价。2000年生效的德国《可再生能源法》及其作为基础的1990年的《可再生能源供电法》确定了对可再生能源的补贴并提供了买入担保，即所谓输配优先权。由此成功使得可再生能源在德国电力供应中的份额从20世纪90年代初的4%提高到2008年的15%，并在2015年达到了30%。同时，发电技术的改进以及生产商之间竞争的加强，降低了可再生能源的电源成本，尤其是农村太阳能光伏与风力发电的成本。2015年，风力发电为德国输送了13.5%的电力，太阳能光伏达6%，生物能将近7%，水能达3%。德国《可再生能源法》还推动了风力发电与太阳能光伏的电源成本在全球范围的大幅降低，并向其他国家展示了一个极具吸引力的能源类型。

固定的、购买期一般为20年的上网电价补贴，是资助可再生能源的另一政策。根据这个政策，电力市场上的差价将由用电者分摊。由于风能和太阳能的推广以及2010年以来电力市场的低价格，《可再生能源法》的支出迅速增加。到2030年为止，补贴给可再生能源的总额可能超过2000亿欧元——根据对未来的电价发展情况的预测而定。因此，《可再生能源法》实行了一系列根本性的改革。2012年引入的市场交易奖励金机制，用额外收益奖励那些运行方式具有很大经济价值的设备，例如能够产生相对均匀电力的风力发电机组。2015年至2017年对可再生能源的促进方式再次发生了根本性的调整。虽然像往年一样政策上确定了对可再生能源的推广路径，但是引进了拍卖机制，以使可再生能源免受价格竞争，因为只有价格最低的供货商才能得到补贴。上网电价补贴不再直接通过政策确定，而是通过竞争获得。由此还可以防止产生超过（或少于）政策预期的电容量。太阳能光伏的第一批拍卖显然获得了圆满成功：成交的价格明显低于预期，也就是说，对于使用者来说可再生能源的价格比以前更低了。

尽管能量过渡计划得到了政府和社会较大的支持力度，但却依然存在着这样的问题：到底需不需要给可再生能源补贴？如何创建可再生能源占比高的电力市场？只要二氧化碳价格足够高，就能够将可再生能源纳入电力市场，这点基本可以论证。彼时可再生能源不再需要补贴，因为在那些不刮风、没有阳光照射的季节，可以使用成本较高的燃气发电厂或蓄电池。电力市场只需考虑按照供求关系决定价格，并且管理机构能在电力紧缺的季节保证最高限价。此外，电价必须按地区区分，以此给投资者传递信号，从电网角度看在哪里建造发电厂是有意义的。能源经济学家认为，这样一个"单一能量"市场足以确保电力需求在任何时候任何地点都能得到满足。在这种理想的模式下，只需要确定二氧化碳价格，使得化石能源的使用能反映出社会成本，其他的都由市场来完成。这个市场可能会失灵，对于这样的设想却有许多不同意见。

可再生能源扩散的学习效应：过去几年来，太阳能光伏的成本急剧下降。电容量每扩大一倍，则光伏价格平均下降20%左右。如果一个投资商通过扩充电容量使得整个行业的价格下降，那就会出现市场失灵。到那时，投资商将不再充分投资用以扩充电容量，因为他不能得到投资的总收益。不过，至今还不清楚，证实市场失灵的学习效应是否真的可以引起价格的下降。为了加速这样的学习效应，短期内为可再生能源提供补贴是合理的。是否应长期提供，还有待论证。

为了证实对可再生能源长期补贴的合理性，引入了"零边际成本"问题。该论据称，一个可再生能源占比高的"单一能量"市场不能确保任何时候任何地点都有充裕的电容量。如果可再生能源的份额增加，电力市场不会出现正价格。原因是，供应商制定的价格要符合零成本。也就是说，上网电价补贴必须能够覆盖其固定成本。这个论据不具有说服力。因为，在用电需求高的时期，可再生能源占比高的电力市场其价格也会上涨。随着价格的上涨，机动的发电厂投入使用，价格的长期增长覆盖了其固定成本。用电者也可以灵活应对价格的波动，比如在电价低的时候使用洗碗机。通过一体化的电网，对需求波动调节平衡得越好，对天气变化的预测越准确，存储技术（如蓄电池）价格越低，可再生能源供电的常规能源市场作用的效果越好，可再生能源就越能更好地满足市场需求。这些虽然都是巨大的挑战，但是还不能证明要对可再生能源进行长期补贴。从长远来看，把可再生能源抽离出市场是没有意义的。因为在没有补贴的情况下，势必会形成这样一个市场结构，即可再生能源的供应商采用正价格以覆盖其成本。只要比其他化石能源的电价低，可再生能源完全可以在这样一个市场中存活。

　　和任何一个电力市场一样，可再生能源占比高的市场也要通过电容量的维持保障供应安全。电容量不充裕对于发达国家来说代价很高，因为断电会造成严重的后果。那么，"单一能量"市场有这个潜能吗？电力市场的需求因时段和季节而波动，燃气发电厂只在需求高峰时投入使用。在这个过程中，燃气发电厂要收回其成本。如果政府设置了电价的上限，则会导致发电厂无效率。因为成本较高的发电厂不再投入使用，用电需求势必减少。因此，要确保市场上的电容量能够满足任何时候的需求，就有必要调高电价。任何一个电力市场，无论是用可再生能源发电还是不用，都是如此。但是这并不意味着，价格很高时，供应和需求不能得到满足。这种情况下，为保障充裕的电容量，势必要对市场进行干预。问题在于，这样做对电容量市场是否有必要。如果暖气、家用电器和照明能够自动对价格信号做出反应，那么用电需求就会灵活得多。大数据和数字化能对形成这样的"智能电网"做出重要贡献。政府可通过以下方式提供政策支持，如允许价格波动、保持电力需求的灵活性。在电力市场的电容量大大过剩时，电容量市场在短期内将适得其反，因为它会纵容化石能源发电厂的补贴。未来的气候和能源政治应注意，保留过剩的补贴、创建有效的市场。从长远来看，把可再生能源从市场抽离是无效且矛盾的。因为，与化石能源和核能源相比，可再生能源为有效的、优于旧能源市场的自由竞争市场开拓了新的机遇。

德国什么时候能迎来交通转型？

德国的能量过渡计划目前还只停留在电力市场转型。电力生产过程的脱碳很有必要，因为它对其他所有部门都起着重要作用。因此，如果2030年起客运交通能实现电动化，那么交通部门的碳排放将会大幅减少。然而，自2009年以来，交通产生的碳排放再次增长，以至于目前的碳排放量与1990年的水平相当——从气候角度看，这是遗失的几十年。德国交通部门碳排放比例最高的是机动化的私人交通，比例为57%；长途货物运输产生的碳排放比例为23%。交通流量的不断增长同时也导致了土地利用、交通堵塞和空气污染的加剧。

城市发展、交通与气候保护

上述这些问题不能通过建造更多街道、设计"汽车主导"城市来解决，而应该更有效地利用现有基础设施以及选择其他出行方式，如公共交通。按公里征收道路使用费不仅可以缩短堵车时间，还能减少碳排放和土地利用。道路使用费作为城市的新收入，又可以重新用于市内交通。这样能缓和对这种费用的抵触情绪。

只要能够缩短等待时间，那么城市交通系统的交通政策就是有效的。因为人们只愿意花少量的时间上下班，所以他们倾向于选择最快速而不是最便宜的交通工具。快速的市内交通与昂贵的公路交通相结合，能够缓解城市机动化的私人交通。

近年来，人们对市内住房的需求增长，导致了市内房价和房租的迅猛上涨。国家可以通过征收土地使用税来控制房价和房租的上涨。土地使用税的征收，不仅可以使市内的土地得到更有效的利用、阻止城市的扩建，还可以为乡镇带来额外收入，用于改进能源和运输系统，由此改善生活质量、提高城市的竞争力。德国的土地税改革规定，不仅是土地，房屋也应被征税。但是，房产税就好像是对房屋建筑的投资税，在住房紧缺的情况下意义不大。为减少交通产生的碳排放，势必要给二氧化碳直接定价。这将使得城市建筑更加密集，随之导致土地价格上涨，进一步加剧房东与租客之间的不平等。土地使用税的征收至少能够缓解这种不平等。由此我们要讨论一个根本性的问题：有人说，气候政治是不公平的，因为它首先加重低收入人群的负担，这样的指责是对的吗？

气候政治、不平等与消除贫穷

绝大多数的经济学家认为，碳价是气候政治的一个有效手段。可是，它是公平的吗？基本上，经济学家都毫不怀疑，碳价、养路费或者矿物油税给低收入家庭造成的负担要比高收入家庭更大。要阻止这些负面影响，需要完善税制改革。在实施税制改革时应决定，是否要引进新的碳价以及是否要提高现有的（如欧洲碳排放交易）碳价。政治上实施的措施往往不是那些最有效的，而是那些实施阻力最小的。由于收入分配和资产分配的不平等受到了越来越多的批判，这一事态也具有了重大意义。能否推行一种至少不会加剧收入分配和资产分配不平等的气候政治呢？为此，首要的就是税收和必要的基础设施的融资。这也是我们这个小节要讨论的内容。

在人均收入高的国家，二氧化碳的定价首先会给收入低的家庭带来负担。原因主要有两个：第一，低收入家庭比高收入家庭的能源支出比例更大。第二，消费品和服务产生的碳排放按每单位美元支出计算，低收入家庭比高收入家庭的碳排放量更大。这说明，收入越高，用于基本日用品的支出比例越小，而用于奢侈品的支出比例越大（这被称作恩格尔法则），并且后者造成的碳排放更少。

未来的环境政策必须能够消除间接税收或碳价退化的可

能性，才是合理的。它可以通过若干补充性措施实现：（1）逐步对所得税进行补充性的改革；（2）社会福利（失业金、子女补贴费、德国联邦助学金）根据各消费篮子的价格变化调整；（3）将税收收入用于投资及提供公共物品，尤其是低收入家庭相对其收入更常使用到的（如教育、基础设施、健康保障等）。如果这些措施政治上无法落实或者实行成本过高，也可以使用所谓"第二最佳"方法，即累进的环境税税率。这里的税率随着个人消耗的增长而增长，也就是在消耗中累进的。这个方法很容易实现，尤其是用于节约私人家庭的能源消耗（如在美国加利福尼亚应用的范例），而其他"绿色"税收（如对汽油或消费品中所含碳征收的税）落实起来却非常困难。

碳税的不平等负担也可以通过扩建基础设施（如运输和电信）加以平衡，特别是在较贫穷的国家，这将造福于那里收入尤其低的家庭。但是，在全球化时代，国家如何能够推行具有竞争力的碳税呢？当今政府不再仅仅受到它们的选民的评估，还有来自国际资本市场的评估。国家债务高会被惩罚，资本收入税高导致资本外流，劳动税被划入政治边界。因此，各国政府在基础设施方面的投入以及对其他公共财产的供应可能会越来越少。这种"向下竞争"的风险可能会使国家却步，应加大对二氧化碳和资源租金的征税力度。在全球市场上，这对于化石能源来说是有利的。因为，如果碳税收入被投入基础设施建设中，后者又促进了当地经济生产力的提高，那么这个地区也

能更好地经受住国际竞争。即使是温和的碳税也能够实现那些
对于消除贫困来说至关重要的投资。这其中包括广泛的供电、
供水、教育服务以及无线移动通信网和运输服务。以印度为
例，如果每吨碳要征收10美元税，那么政府每年可用这笔收
入为超过6000万人额外提供电、净水、卫生设施以及电信服
务。此外，这笔收入还可用于降低税收和减少国家债务。其中
一部分还可投入教育和医疗卫生系统。碳含量每吨达20美元，
这样一个相对温和的国际碳排放价格，就已经能为全球带来将
近1万亿美元的税收收入。因此，即使不优先考虑气候保护，
各国的财政部部长也应该会对碳税感兴趣。

第五章 —————— 科学在气候政治
中的角色

在过去20年的气候政治进程中，气候科学发挥了重要的参与决策作用。科学史家纳欧米·欧瑞斯克斯和艾瑞克·康威通过一篇虚构的来自未来的回顾这样的文章描述科学与气候政治紧张的关系：全球平均气温升高了5摄氏度，两极的冰川融化，非洲的旱灾让那里的生活就像地狱，澳大利亚和南美洲的大部分地区不能居住。人们从贫瘠的条件中逃离，在地球的北部区域争夺土地和住所，剩余地区已经变成人类无法生存的荒漠。在这篇回顾中，一位中国的历史学家在2393年描写了世界末日的景象。西方国家已经放弃，因为他们找不到抵抗气候变化的力量。欧瑞斯克斯和康威想要通过这样一篇关于世界末日的预言书说明，科学与社会哲学的市场原教旨主义如何将世界带到了半影时代："半影"时代的人们比他们之前任何一个时代的人都更清楚他们没落的原因，却无法阻止这一进程。

因此，这个虚构的、来自几百年后的历史学家问道，为什么这样一个预测能力越来越强的时代却找不到行动的力量。他给出了答案：科学中常见的举证责任分配，要求必须有超过95%的可能性，证实煤、石油和天然气的燃烧导致了全球平均气温的升高。在采取规范性的消除怀疑行动之前，他先将此归类为科学实证主义——一种科学理论的态度，认为只有经验观察才是真实的，而不是对未来发展可能性的陈述。由此能够阻挡对自由市场的必然干预。市场原教旨主义对于实证主义来说是社会哲学中的教条主义者，其阻挡了对自由市场的干预，认为这样的干预是对个人自由权利的侵犯。今天禁止吸烟或征吸烟税的人，明天也许就会干涉《基本法》。他们担心，抗击气候变化的斗争将意味着个人自由的终结。当然，对雄心勃勃的气候政治的反对肯定不是主要通过哲学论断决定，而是经济利益。气候政治潜在的输家会为了防止其财产的贬值而抗争。不过，在公共辩论中，只有使用科学的手段，他们才能取得成功。利用数据手段散播对于科学陈述可靠性的怀疑，把对市场的管理表达成对自由的威胁。其中，本位主义通过呼吁财富共享而尤其成功。

但是，正如我们在前文展现的，这样的举证责任倒置面对潜在的不可逆转的灾难性损害是不合理的，因为它阻碍了及时的危险防御。正是未来损害具有不确定性，才应该推行雄心勃勃的气候政治。通过税收管理市场并不是个人自由的终结，而是为了确保后代也能行使自由的权利。

根据这位虚构的历史学家的分析，在各种政治观点的论战中，怀疑论者取得了胜利；在行动的理由早已存在的情况下，这些人却要求提供更高的概率。那些尽管有种种不确定性却要求坚决行动的人，就是历史的输家。没有碳税，没有退出煤炭市场，就没有转变。但是，面对不可遏制的气候变化，当西方国家已经没有符合他们的民主理想的政治选择时，中国却依然有机会迅速地实行适应性措施，把城市从沿海转移到内陆。

这位中国的历史学家在他的调查中报道了对于那场辩论的广泛反响，那场把人类带向半影时代的辩论：自由还是生态专制。这个辩论对于社会科学家来说并不新鲜。早在20世纪20年代，马克斯·韦伯就把现代社会表述成一个自我奴役的"铁笼子"，没有人可以从中逃脱：尽管他的理由与那位虚构的历史学家提出的半影时代不同，但马克斯·韦伯也把科学和专家的统治看作是对现代社会自由的威胁。韦伯认为，由专家们发明、制定和预判的强迫性力量扼杀了民主决策及自由。因为，面对这些强迫性力量没有别的选择，而那些需要做出选择的地方，民主决策却变得无关紧要。

但是，西方国家不具备克服巨大挑战的能力，这样的担忧和猜测从何而来？为什么独裁和专制统治者会被信任，认为他们更适合解决社会的生存问题？这与迄今为止所有的历史经验相悖。显然，因为很多人担心，西方国家不能落实预防重大危险的必要的措施，毕竟在民主竞争中后代并没有投票权。按照这个猜测，最终只能执行臆想的实际困难。要从自我奴役的"铁笼子"里逃脱出来，似乎只能靠运气了。

值得一提的是，无论是雄心勃勃的气候政治的支持者还是反对者，都有一个共同的消极空想：支持者认为，我们之所以会失去自由，就是因为我们今天没有采取行动，最终我们只能被动应对灾难；而反对者担心，打着气候政治的名义，人类的生活会以不合法的方式被干预。

他们还认为，与潜在的灾难相比，气候保护的成本太高了。因为他们认定气候政治势必会导致失去自由。

针对这两种空想，科学都扮演着重要角色。在这场辩论中，科学提供了有理有据的武器。在下一节中，将对政治和科学做如实的分工。因为恰恰通过这样的分工才能确定，西方国家究竟能否找到行动的力量，抑或是会以失败而告终。

在此有一个问题很关键，那就是专家应扮演什么样的角色。我们将在下一节第一部分描述联合国政府间气候变化专门委员会的职权范围和组织结构，第二部分探索科学的政策咨询的不同模式，第三部分描绘联合国政府间气候变化专门委员会未来将面临的主要挑战。

联合国政府间气候变化专门委员会（IPCC）

没有任何一个政治领域像气候政治这样与科学联系密切。国际气候政治为此建立了非常规的机构性组织：《联合国气候变化框架公约》程序（UNFCCC-Prozess）与联合国政府间气候变化专门委员会（IPCC）。《联合国气候变化框架公约》

(UNFCCC) 构成了气候谈判的组织框架,其秘书处的任务是,为每年在巴黎举行的全球气候大会做准备工作。各国外交家们在气候谈判中用到的科学知识,则是由IPCC提供的。毫不夸张地说,没有IPCC,就不会有对气候问题认知的分享以及国际气候政治的目标和行动方法。

IPCC是一个重要的政府间机构,它的作用是在全面、客观、公开和透明的基础上收集汇编信息,以便决策者能够评估气候变化的影响、适应气候变化的方案。它也是一个科学机构,职能是了解气候变化的成因和提交气候变化影响的报告;同时科学地评估遏制气候变化的可能性。IPCC的评估报告中对现有知识的阐述必须具有政策相关性,但不对政策做任何指示。IPCC也不开展研究,而是评估现有的科学文献。它不是类似美国国家科学院、德国科学院或是德国国家工程院这样的国家科学研究院。虽然国家科学院也有就重要问题提供政策咨询的职能,但是IPCC不是只对一个国家政府负责,而是所有197个签署了《联合国气候变化框架公约》的国家政府。IPCC的评估报告需要得到各国政府的正式批准,而决策者摘要必须得到所有政府的一致批准。

因此,IPCC会受到公众的猛烈抨击也就不奇怪了。许多观察员和记者认为,它是专家治国政治模式的缩影。在这个模式中,专家们决定人类社会的未来并干预人们的生活,却没有得到民众的委托。还有,当涉及"人类未来该如何生活"这种问题的时候，科学家和专家似乎比外行人具有更多权限。但是为什么专家能够在回答生活和生存问题的时候拥有更多权限，这点却不明确。不过，科学家作为公民有权公开发表言论和支持甚至影响某个政治决定，这是没有争议的。

IPCC的发展史与职权范围

早在20世纪70年代，气候变化这个主题就引起了科学界和媒体的关注。1979年，第一次世界科学大会在奥地利菲拉赫举行；1980年，在联合国环境规划署（UNEP）和世界气象组织（WMO）的支持下，发表了第一个气候变化报告。1985年，当时的联合国环境规划署执行主席穆斯塔法·托尔贝提议签署关于避免危险性气候变化的框架公约。美国当时拒绝了这一提议并坚持还需要更多相关的科学研究。1988年，IPCC成立。虽然1988年11月举行的第一次全会只有28个国家参加，但是在委员会主席伯特·博林的领导下，IPCC的三个工作组开始运作。伯特·博林不仅是一位令人信服的科学家，还很明确政治家的决定性问题。他的工作风格和他本人都成为后来的委员会主席和工作小组联合主席效仿的榜样：工作风格上，在他带领下做出的评估报告成为《联合国气候变化框架公约》程序谈判的权威依据；成为榜样，是因为他懂得保障科学不受政治影响的独立性。在第一次全会上就撰写评估报告问题达成了一致。联合国大会在其决议中阐述了IPCC的职权范围，即收集关于气候变化成因及遏制气候变化可能性的科学报告。同时，为《联合国气候变化框架公约》提供支持，为具有国际约束力的气候协定做准备。将近30年之后，2015年在巴黎签署了这样一个协定。

联合国公布的这个职权范围在IPCC迄今为止的五次评估报告中都有体现。这些评估报告对国际气候政治的进程产生了决定性的影响并于2007年为IPCC赢得了诺贝尔和平奖。虽然IPCC获得这个奖项的原因，是它引起了全世界公众对气候问题的关注。但是除此之外，IPCC的首要贡献是为政治决策者阐明了决定性问题。

IPCC的组织结构

WMO和UNEP两个"母机构"联合建立的IPCC由一个主席团、一个秘书处、三个工作组和一个主题组构成。第一工作组负责从自然科学角度评估气候变化，第二工作组负责分析气候变化的影响和适应措施，第三工作组负责评估减少温室气体排放的方案，包括减排的成本和风险。国家温室气体清单专题组的主要职责是制定国家温室气体排放的计算标准。超过800位作者参加了IPCC的第五次评估报告的撰写。IPCC的所有职位都是名誉的；科学家以作者身份撰写报告，IPCC不支付任何薪酬。

IPCC的改革

2009年在哥本哈根召开的世界气候峰会没有达成预期的全球气候保护协定，IPCC因此陷入了各种批评声中。第二工作组关于喜马拉雅冰川将会在2035年之前完全融化的报告，被指出存在错误。面对公众的追问，当时的IPCC主席非但没有承认这一错误并做正式修改，还对批评者进行了谴责。短短几周时间内，IPCC似乎已经失去了公信力。至于气候变化怀疑论者利用了IPCC的沟通不当问题并过分夸大了报告中的错误，又是另外一回事。总之IPCC的部分领导人认为，IPCC需要改革。为此，他们委托国际科学院理事会（IAC）审核IPCC的工作程序并为其改革提供建议。2010年8月，IAC发表了第一份调查报告。那些希望看到IPCC被批的人失望了：IAC证实IPCC的工作是成功的。报告称，IPCC对公众的解释合乎事实，推动了科学发展并帮助政府优先考虑它们的研究议程。IAC将IPCC评价为一个重要的社会创新，正是因为它不是一个组织，而是科学家"网络"。但是，IAC同时也指出了IPCC明显需要改善的地方：领导层、管理、审核过程、对于科学不确定性的沟通、公关以及撰写评估报告时的透明性。2011年5月，IPCC的改革建议确定下来：强化评估报告的审核作用；统一所有工作组描绘不确定性特征的方式；成立一个专题组，审查这些改革建议的实施情况、审核评估报告、改进沟通策略以及明确选择作者的标准。

IPCC 与科学的政策咨询模式

如何履行这一职能，IPCC 的章程中没有过多描述。IAC 的改革建议使得 IPCC 更公正透明，对不确定性的表达更明确。IPCC 的结构性框架下可能出现三种与科学和政治相关的关系模式，我们在这里做简短介绍。通过分析可以看出，前两种模式对于 IPCC 来说几乎是没有希望的，而第三种模式将对未来的评估报告具有很大吸引力。

决策者模式

IPCC 的建立者试图对科学和政治进行有意义的分工。他们希望，IPCC 能够包含政治建议，IPCC 的报告应该"具有政策相关性但不具有政策指示性"。这样的建议源自马克斯·韦伯的理论。他主张，政治的职能是制定目标，而科学应为其提供必要的手段。这种对科学和政治的分工方式之所以被认为是决策性的，是因为政治目标的制定在没有客观论证的条件下也能实现，而科学必须是理性的。通过这个论断，韦伯试图确保科学家不再以其权威参与制定目标，而最好是作为与其他民众一样的公民，论据也没有更高的权威。韦伯想要对政治和科学进行权力分工。确定气候政治目标的权力只有全球的国家共同体才能拥有，因为民族国家是国际法的合法主体，它们具有权力证明。依据决策者模式，IPCC的职能是找出能够最好地实现预定目标的方法。这些方法将在评估报告中呈现，并且只要被纳入决策者摘要，就会得到全会批准。

　　尽管初看之下这种模式能对IPCC和各国政府进行有意义的分工，但这样的分工并不能被坚持。因为决策者模式的出发点是，彼此独立地确定目标和手段。然而，只有当科学建议的手段对于目标的实现不会产生副效应、风险和"协同效益"（即与其他目标的协同效应）时，才会出现这种情况。而恰恰是这些副效应会引来疑问：预定的目标是否是有意义的且可接受的。如果发现所选择的气候政策手段会破坏其他的可持续性目标，那就不可避免要辩论，是要改变这个目标，还是必须找到新的手段来避免不必要的副效应。例如我们在前面曾提到的，是否应利用生物质能实现雄心勃勃的稳定气候目标，就是一个这样的辩论。

技术专家模式

　　在日益复杂的社会中，目标和手段越来越多地由专家决定。这在IPCC也存在激烈的辩论。例如关于成本效益分析的观点就在经济学家和自然科学家间产生了争议。前者主张对不同的政策路径进行经济评估，后者则认为这是一个简短的分

析，它忽略了关键的规范性选择，例如人类的生命价值。在
IPCC的早期阶段，成本效益分析得出的结果是大幅度减排不
能在经济上合理化。在此期间，许多这种分析的结论则恰恰相
反。然而，对本章的论证起决定性作用的不是这个结果，而是
这个事实：科学不仅找到了方法，同时也顾及了气候政治目标
这个事实。技术专家模式表明，在政治目标和使用的手段方
面，没有任何严肃的选择可以取代最佳的科学方案。然而，成
本效益分析已经表明，结果并不十分清楚。这可能会改变未来
几代人福祉的权重，甚至可能会改变关于避免技术（如可再生
能源）的预计成本的假设，而最佳温度目标的结果会有很大不
同。因此，所谓的成本效益分析的独特性就被消除了。其结果
受政治偏好、世界观和不确定性等因素的影响。这就是为什么
在现代多元社会中，政策咨询的技术专家模式受到批评。政治
偏好、世界观和不确定性在很大程度上是不均一的：人们不希
望在自己的生活方式上屈服于所谓事实逻辑的约束。

实用启蒙模式：替代政治路径的制图

"实用启蒙模式"也试图确定科学与政治之间有意义的分
工。正因为目标和手段只能在迭代过程中找到，所以这种模式
试图使政治、社会和科学彼此进行系统的对话。它不再假设科
学与政治之间只存在一条单行道，而是试图考虑这两个领域之

间实际的多方沟通。这个模型认为，事实和价值不可能完全分离。人们利用手段实现目标，从而达到实际效果。这些效果或行动的影响可以根据行动的意图进行评估。如果使用的手段破坏了行动，那么有两种可能性：要么修改目标，要么找到其他手段来实现这些目标。例如，如果大量使用生物质可能会破坏生物多样性或降低粮食安全，那么要么修改2摄氏度目标，要么通过适当的土地利用管理减轻这些风险。在此过程中，首先要使用那些风险可控的以及不会导致不可挽回的损失的手段。手段的可修改性这个标准对气候政策至关重要。只有能够从根本上修改错误，社会的学习过程才有意义。

在这个学习过程中，关于目标和手段的争议可以转化为对科学假设的争议。根据这个模式，任何类型的假设如果在不同的机构中反复地产生了期望的实际后果，就可以被描述为"客观的"。但是，"绝对客观的"真理是不可能实现的。在第五次评估报告中，IPCC经常使用制图员的比喻，认为制图员的任务是在未知领域为决策者们探索可行的途径。而决策者的任务，就是赢得更多这样的途径。从起点出发，科学与社会团体合作，特别是与政治合作，确定了那些要探索其影响的目标。评估报告是否达到了这个目标？答案似乎是肯定的。到目前为止，科学系统还没有足够的能力提供那些允许绘制地形的科学知识。最重要的是，缺乏为制图工作做好必要的准备工作的跨学科项目和出版物。

IPCC 未来将面临的挑战

IPCC 的评估报告是目前最耗时、最复杂的科学政策咨询方法，未来它将面临严峻的挑战。

在此我们将讨论，科学如何履行对于气候政治的职能：

——科学能够解释未遏制的气候变化的风险。

——科学能够阐述气候政治的成本和效益。

——科学能够告知，要保障未来几代人的福祉具有不同的权重，必须尽快减少哪种温室气体的排放。

——科学能够表明，哪些理由是可信的：我们已经论证过，未遏制的气候变化的后果如此严重，以至于即使气候变化的可能性尚不明了或者很低，推行雄心勃勃的气候政治也是合理的。

探索总体解决方案空间

我们在第一章简短地提到过，气候政治的赌局展示了如何使用客观知识做出决策。2022 年发布的第六次评估报告中，必须强调气候政治的总体解决方案空间以及气候变化的后果。其中最重要的就是风险管理。因此，对备选政策路径的系统制图成为科学政策咨询的新标准。IPCC 必须阐明这些路径，但不要向政治家指出他们应该采用哪些路径。只有这样，IPCC才能够保持与决策者的相关性，而不被国家利益所利用。《巴黎协定》确定实施雄心勃勃的气候政策，这一点变得更加重要。而现在最关键的，是制定适当的政策工具。

对国际、国家和次国家气候政策进行事后评估

特别是IPCC第三工作组，在最新的评估报告中不仅要探究所有未来相关的选择的可能性，还要负责评估国际、国家和次国家气候政策的成败（事后分析）。政治措施的评估不是"无价值的"，因为这里的判断也依赖于所使用的标准。IPCC第三工作组有史以来第一次有哲学家参与撰写关于气候政策各种规范性评估标准的评估报告。这些评估的合法性取决于用来评估行动后果的多个标准。无评判价值的科学是无论如何都不能提出来的，相反，应该展开道德方面的公开讨论——更理想的是能以替代方案及其影响的形式进行讨论。正因为他们在第五次评估报告中成功地应对了这一挑战，所以给IPCC的作者与国际社会再高的评价也不为过。此外，IPCC最新报告的经验表明，政府有时会强烈反对对过去某些政策工具或发展的优势和劣势进行科学评估。但是，如果不对过去的政策决定进行批判性的事后分析，就不可能有认真的学习过程，从而预防未来的错误。

加强对可持续发展、不平等和贫困的关注

对气候变化和气候政策分配影响的表述和评估，在政治上有很大的争议性。气候变化对世界不同地区的影响不一样，南亚或非洲这样的地区可能比欧洲受到的影响更大。而气候保护的成本也很可能会分配得非常不均匀。因此有人猜测，这种不平等将对气候保护的合作意愿产生很大影响。未来如何分配气候保护的负担以及如何通过转移支付的方式进行补偿，对此人们需要更准确和更好的信息。

然而，气候政策不仅对不同国家有不同的影响，而且对每个国家内部的收入和资产分配的影响也不同。近期以来，个人的收入和资产分配再次成为经济研究的核心问题——这尤其要归功于托马斯·皮凯蒂的著作。他表明，世界上大部分财富只掌握在世界人口那少数百分之几的人手中。但是，皮凯蒂的分析并未涵盖财富分配的重要组成部分，如土地的分配以及化石资源与可再生资源的分配。而这些方面却是至关重要的。因为鱼类等自然资本的破坏、土壤不育程度的不断增加或水资源的污染首先影响的是穷人。所以，科学的中心任务之一就是不仅仅把气候政策当作一种环境政策，还要使其涵盖自然资源、人力资本和资本资产的分配。为了继续保持与决策者的相关性，IPCC必须在下一份评估报告中提供国家层面的数据以及政治措施的成本、收益和风险。

未来的再次回顾

对替代路径的制图可能会加剧人们对科学"无牙"[1]的担忧，因为它没有提出任何特别的建议，而完全是"如果，那么"的假设性陈述。借助这种"无牙"科学，政府在实施无害化乃至消除不受欢迎的知识时能够更轻松。即使对于强大的政府来说也不是那么容易，因为科学知识不能单纯用权力来操纵。在与科学的博弈中，政府不能再单纯依靠权力和利益，而必须顾及真相、客观性、事实和价值观。此前，当有些政府想要忽略或删除最新的IPCC评估报告中的某一部分时，公众就能清楚知道，哪些观点不适合这些政府的理念。这恰恰增加了公众对这部分知识的兴趣，并引发了广泛的讨论。未来也将用上所有的政治艺术手段讨论科学知识的内涵，这常常使得科学家的身体和心理达到极限。但长期来看，政府无法避免更坏的论点的出现。对此，气候政治提供了很好的例子——即使像沙特阿拉伯这样的石油出口国或埃克森美孚等公司，也无法永久否认人为的气候变化。

在不平等日益加剧的时代，气候政治将会克服这个潜在的最大挑战。只有全球社会都能够做到给二氧化碳定价，才能实

---

1 无效的，不起作用的。

现有效和雄心勃勃的气候政治。这项政策在国际和国家层面都遭遇到了阻力。我们认为，只有同时平衡富有国家和贫穷国家之间的负担，才能在国际上达成最低价格协议。这种国际经济补贴能够增加合作意愿。国家层面上出现抵制，是因为政治家担心这个政策会对低收入群体特别不利。不论是所得税的改革，还是对饮用水供应、清洁能源、健康和卫生设施等基础设施的投资，都可以减缓气候保护和减贫之间的冲突，特别是在发展中国家。人们可以制定出至少能够减少不平等情况发生的气候政策。国际社会尚未充分认识到，通过二氧化碳定价将为可持续发展目标提供多大规模的资金。假设每吨二氧化碳的价格为50美元，那么将产生约占全球国内生产总值3%的收入。认为气候政治可以消除所有不合理的不平等现象，这种想法太天真。但是，通过这些手段，可以扩展那些穷人们至今都不曾拥有的自由权利。当代人没有回顾自己未来的特权，却有责任和权利塑造未来。因此我们希望，气候政治的历史在未来不会被视为失败，而是朝着正确方向迈出的又一步。

在竞选期间反对任何气候政治的唐纳德·特朗普于2016年11月8日当选美国第45任总统。尽管如此，在马拉喀什举办的《联合国气候变化框架公约》第二十二次缔约方大会（COP22）上，除了奥巴马政府和中国之外，许多其他国家也提出了雄心勃勃的国家气候保护计划。这向全世界传递一个明确的信息：即使唐纳德·特朗普会破坏国际气候保护行动，我们仍将继续前行。

到目前为止，特朗普总统有三种气候政治选择。第一，他可能会退出《联合国气候变化框架公约》；第二，他可能会终止《巴黎协定》；第三，通过美国环保署（EPA），废除奥巴马政府的《清洁电力法案》。唐纳德·特朗普已宣布废除《清洁电力法案》。任命斯科特·普鲁特为美国环保署署长的希望很小，他代表化石行业反对环保署的进程，并顽固地拒绝注意到关于气候变化的科学事实。对唐纳德·特朗普来说，退出气候政治对国内政治有利。除了所谓要拯救煤矿里受到威胁的工作岗位，他还表示，科学对他而言不是一个做政治决策时可以特别信任的机构。唐纳德·特朗普反对精英统治知识，喜欢把自己描绘成一个政治的局外人，他改变了气候博弈的举证责任。对他而言，不管多确凿的科学证据，都不足以证明气候变化的合理性。这样是不理性的，因为它关系到未来；这样的指责无法打动他，真理、理性和合法性在民粹主义世界中不起作用。民粹主义的目的不是解决政治问题，而是找到问题的替罪羊。很显然，这种模式是不现实的。问题只在于，在选民明白过来这样做不会赢得未来而会失去未来之前，它会造成多大的损害。

参考文献

Kapitel 1:

IPCC (2015): Climate Change 2014: Synthesis Report. http://www.ipcc.ch/report/ar5/syr/

Lancet Commission on Health and Climate Change (2015): Health and climate change: policy responses to protect public health. http://www.thelancet.com/commissions/climate-change

Rahmstorf, S., Schellnhuber, H. J. (2007): Der Klimawandel: Diagnose, Prognose, Therapie. 5. Auflage, C.H.Beck

Warszawski, L., Frieler, Huber, V., Piontek, F., Serdeczny, O., Schewe, J. (2014): The Inter-Sectoral Impact Model Intercomparison Project (ISIMIP): Project framework. PNAS, Vol. 111, No., 3228–3232

Kapitel 2:

Burke, M., Solomon, M., Hsiang, E. M. (2015): Climate and Conflict, Annual Review of Economics, Vol. 7: 577–617

Edenhofer, O., Flachsland, C., Hilaire, J., Jakob, M. (2015): Ist unbegrenztes Wachstum in einer begrenzten Welt möglich? Le Monde Diplomatique Atlas der Globalisierung

Global Carbon Project (2016): Global Carbon Budget. http://www.globalcarbonproject.org/carbonbudget/index.htm

IPCC (2014a): Climate Change 2014: Impacts, Adaptation, and Vulnerability IPCC Working Group II Contribution to AR5. http://www.ipcc.ch/report/ar5/wg2/

IPCC (2014b): Climate Change 2014: Mitigation of Climate Change IPCC Working Group III Contribution to AR5. https://www.ipcc.ch/report/ar5/wg3/

Jakob, M., Steckel, J. C., Edenhofer, O. (2014): Consumption- vs. Production-Based Emission Policies. Annual Review of Resource and Environmental Economics 6

Sinn, H. W. (2008): Das grüne Paradoxon. Plädoyer für eine illusionsfreie Klimapolitik. Econ

Sombart, W. (1928): Der moderne Kapitalismus. Historisch-systematische Darstellung des gesamteuropäischen Wirtschaftslebens von seinen Anfängen bis zur Gegenwart, Bd. III: Wirtschaftsleben im Zeitalter des Hochkapitalismus. Erster Halbband, München und Leipzig

UNEP (2016): The Emission Gap Report. http://web.unep.org/emissionsgap/

Kapitel 3:

Edenhofer, O., Flachsland, C., Hilaire, J., Jakob, M. (2015): Ist unbegrenztes Wachstum in einer begrenzten Welt möglich? Le Monde Diplomatique Atlas der Globalisierung

Edenhofer, O. (2015): King Coal and the Queen of Subsidies. Science 349 (6254): 1286–1287

Edenhofer, O., Kadner, S., von Stechow, C., Schwerhoff, G., Luderer, G. (2013): Linking climate change mitigation research to sustainable development, In: Atkinson, G., Dietz, S., Neumayer, E. (eds.): Handbook of Sustainable Development. 2nd Revised Edition, 476–499. Edward Elgar

Edenhofer, O., Seyboth, K., Creutzig, F., Schloemer, S. (2013): On the Sustainability of Renewable Energy Sources. In: The Annual Review of Environment and Resources, doi: 10.1146/annurev-environ-051012-145344

IPCC (2014b): Climate Change 2014: Mitigation of Climate Change IPCC Working Group III Contribution to AR5. https://www.ipcc.ch/report/ar5/wg3/, Kapitel 6

Nordhaus, W. D. (2015): Climate Casino: Risk, Uncertainty, and Economics for a Warming World. Yale University Press

Royal Society (2009): Geoengineering the climate: Science, governance and uncertainty. Online erhältlich unter https://royalsociety.org/policy/publications/2009/geoengineering-climate/

Stern, N. (2006): The Economics of Climate Change. The Stern Review. Cambridge University Press

WBGU (2011): Welt im Wandel. Gesellschaftsvertrag für eine Große Transformation. Online erhältlich unter http://www.wbgu.de/fileadmin/templates/dateien/veroeffentlichungen/hauptgutachten/jg2011/wbgu_jg2011.pdf

Kapitel 4:

Barrett, S. (2007): Why Cooperate?: The Incentive to Supply Global Public Goods. Oxford University Press

BMUB (2016): Klimaschutzplan 2050. http://www.bmub.bund.de/themen/klima-energie/klimaschutz/nationale-klimapolitik/klimaschutzplan-2050/

BMWi (2015): Die Energie der Zukunft. Vierter Monitoring-Bericht zur Energiewende. https://www.bmwi.de/BMWi/Redaktion/PDF/V/vierter-monitoring-bericht-energie-der-zukunft,property=pdf,bereich=bmwi2012,sprache=de,rwb=true.pdf

Cramton, P., MacKay, D. J. C., Ockenfels, A., Stoft, S. (2017): Global Carbon Pricing. The Path to Climate Cooperation. MIT Press

Delbeke, J., Vis, P. (eds.) (2015): EU Climate Policy Explained. Routledge

Edenhofer, O., Flachsland, C., Kornek, U. (2016): Koordinierte CO$_2$-Preise: zur Weiterentwicklung des Pariser Abkommens. In: Sommer, J., Müller, M. (Hrsg): Unter 2 Grad? Was der Weltklimavertrag wirklich bringt. Hirzel

Edenhofer, O., Flachsland, C., Jakob, M., Lessmann, K. (2013): The Atmosphere as a Global Commons – Challenges for International Cooperation and Governance, In: Semmler, W., Bernard, L. (eds.): The Handbook on the Macroeconomics of Climate Change, Oxford University Press

Edenhofer, O., Flachsland, C., Brunner, S. (2011): Wer besitzt die Atmosphäre? Zur Politischen Ökonomie des Klimawandels. In: Leviathan 39(2), S. 201–221

Heede, R. (2014): Tracing anthropogenic carbon dioxide and methane emissions to fossil fuel and cement producers, 1854–2010. Climatic Change, Volume 122, Issue 1, 229–241

Howe, J. P. (2014): Behind the Curve: Science and the Politics of Global Warming. University of Washington Press

Koch, N., Grosjean, G., Fuss, S., Edenhofer, O. (2016): Politics matters: Regulatory events as catalysts for price formation under cap-and-trade, Journal of Environmental Economics and Management, Vol. 78, 121–139

Papst Franziskus (2015): Enzyklika Laudato si'. Über die Sorge für das gemeinsame Haus. Verlautbarungen des Apostolischen Stuhls Nr. 202. Online unter: http://www.dbk.de/fileadmin/redaktion/diverse_downloads/presse_2015/2015-06-18-Enzyklika-Laudato-si-DE.pdf

Stavins, R. N., Stowe, R. C. (2016): The Paris Agreement and Beyond: International Climate Change Policy Post-2020. Cambridge, Mass.: Harvard Project on Climate Agreements. (http://www.belfercenter.org/sites/default/files/files/publication/2016-10_paris-agreement-beyond_v4.pdf)

Kapitel 5:

Carraro, C., Edenhofer, O., Flachsland, C., Kolstad, C., Stavins, R., Stowe, R. (2015): The IPCC at a crossroads: Opportunities for reform, Science, Vol. 350, Issue 6256, 34–35

Edenhofer, O., Kowarsch, M. (2015): Cartography of pathways: A new model for environmental policy assessments, Environmental Science & Policy (51): 56–64

Edenhofer, O., Seyboth, K. (2013): Intergovernmental panel on climate change. In: Shogren, J. F. (ed.) Encyclopedia of energy, natural resource and environmental economics, Volume 1 (Energy): 48–56

Hulme, M. (2014): Streitfall Klimawandel: Warum es für die größte Herausforderung keine einfachen Lösungen gibt. Oekom Verlag

InterAcademy Council (2010): Climate change assessments. Review of the processes and procedures of the IPCC. http://reviewipcc.interacademycouncil.net/report/Climate%20Change%20Assessments,%20Review%20of%20the%20Processes%20&%20Procedures%20of%20the%20IPCC.pdf

Kowarsch, M. (2016): A Pragmatist Orientation for the Social Science in Climate Policy. How to Make Integrated Economic Assessment Serve Society. Springer

Piketty, T. (2014): Das Kapitel im 21. Jahrhundert. C.H.Beck

Oreskes, N., Conway, E. M. (2015): Vom Ende der Welt: Chronik eines angekündigten Untergangs. Oekom Verlag

Weber, M. (1972): Wirtschaft und Gesellschaft. Grundriss der verstehenden Soziologie. Fünfte Auflage: Mohr Siebeck